TURING 图灵程序设计丛书

U0266098

[印尼] Ivan Idris 著　张驭宇 译

NumPy Beginner’s Guide Second Edition

Python数据分析基础教程

NumPy学习指南 第2版

人民邮电出版社
北　京

图书在版编目（CIP）数据

Python数据分析基础教程 ：NumPy学习指南 ：第2版/
(印尼) 伊德里斯 (Idris,I.) 著 ; 张驭宇译. -- 北京 :
人民邮电出版社, 2014.1（2022.7重印）
（图灵程序设计丛书）
书名原文: NumPy beginner's guide,second edition
ISBN 978-7-115-33940-9

Ⅰ. ①P… Ⅱ. ①伊… ②张… Ⅲ. ①软件工具－程序
设计－教材 Ⅳ. ①TP311.56

中国版本图书馆CIP数据核字(2013)第296079号

内 容 提 要

本书是 NumPy 的入门教程，主要介绍 NumPy 以及相关的 Python 科学计算库，如 SciPy 和 Matplotlib。本书内容涵盖 NumPy 安装、数组对象、常用函数、矩阵运算、线性代数、金融函数、窗函数、质量控制、Matplotlib 绘图、SciPy 简介以及 Pygame 等内容，涉及面较广。另外，Ivan Idris 针对每个知识点给出了简短而明晰的示例，并为大部分示例给出了实用场景（如股票数据分析），在帮助初学者入门的同时，提高了本书可读性。

本书适合正在找寻高质量开源计算库的科学家、工程师、程序员和定量管理分析师阅读参考。

◆ 著　　　[印尼] Ivan Idris
　译　　　张驭宇
　责任编辑　毛倩倩
　执行编辑　程　芃
　责任印制　焦志炜

◆ 人民邮电出版社出版发行　　北京市丰台区成寿寺路11号
　邮编　100164　　电子邮件　315@ptpress.com.cn
　网址　http://www.ptpress.com.cn
　北京捷迅佳彩印刷有限公司印刷

◆ 开本：800×1000　1/16
　印张：15.25　　　　2014年1月第1版
　字数：371千字　　　2022年7月北京第25次印刷

著作权合同登记号　图字：01-2013-5239号

定价：49.00元

读者服务热线：(010)84084456-6009　印装质量热线：(010)81055316

反盗版热线：(010)81055315

广告经营许可证：京东市监广登字 20170147 号

版 权 声 明

Copyright © 2013 Packt Publishing. First published in the English language under the title *NumPy Beginner's Guide, Second Edition*.

Simplified Chinese-language edition copyright © 2014 by Posts & Telecom Press. All rights reserved.

本书中文简体字版由Packt Publishing授权人民邮电出版社独家出版。未经出版者书面许可，不得以任何方式复制或抄袭本书内容。

版权所有，侵权必究。

献给我的家人和朋友们。

译　者　序

NumPy，即Numeric Python的缩写，是一个优秀的开源科学计算库，并已经成为Python科学计算生态系统的重要组成部分。NumPy为我们提供了丰富的数学函数、强大的多维数组对象以及优异的运算性能。尽管Python作为流行的编程语言非常灵活易用，但它本身并非为科学计算量身定做，在开发效率和执行效率上均不适合直接用于数据分析，尤其是大数据的分析和处理。幸运的是，NumPy为Python插上了翅膀，在保留Python语言优势的同时大大增强了科学计算和数据处理的能力。更重要的是，NumPy与SciPy、Matplotlib、SciKits等其他众多Python科学计算库很好地结合在一起，共同构建了一个完整的科学计算生态系统。毫不夸张地讲，NumPy是使用Python进行数据分析的一个必备工具。

说起NumPy，我是在数据的“赛场”上与之结缘的。出于对数据挖掘和机器学习的爱好，我与中国科学院和北京大学的同学一起组建了一支名为BrickMover的“比赛小分队”，队友包括庞亮、石磊、刘旭东、黎强、孙晗晓、刘璐等。我们先后参加了一些国内外的数据挖掘比赛，包括百度电影推荐系统算法创新大赛、首届中国计算广告学大赛暨RTB算法大赛、RecSys Challenge 2013、ICDM Contest 2013等，并且取得了还算不错的成绩。无一例外的是，这些比赛均需要对数据进行快速、全面的分析。感谢NumPy，它正是我们使用的数据分析利器之一。

本书作为NumPy的入门教程，从安装NumPy讲起，涵盖NumPy数组对象、常用函数、矩阵运算、线性代数、金融函数、窗函数、质量控制、Matplotlib绘图、SciPy简介以及Pygame等内容，涉及面较为广泛。书中对每个知识点均给出了简短而明晰的示例，很适合初学者上手。大部分示例都有真实的应用场景（如股票数据分析），可读性远远好于枯燥的官方文档，帮助读者在掌握NumPy使用技能的同时拓宽视野、拓展思维。本书的阅读门槛不高，读者只需具备基本的Python编程知识。

在翻译本书的过程中，我发现原作有不少地方不够严谨，甚至还有一些错误。经过反复核对确认，我已经修改了发现的错误，并在我认为不够严谨的地方以译者注的形式给出了自己的理解，供读者参考。此外，原书中的配图为屏幕截图，清晰度较低。为了读者获得最佳的阅读体验，我将书中的代码全部运行了一遍，并输出矢量图以替换原有的配图。需要说明的是，书中部分代码将会在线下载最近一年的股价数据，即数据的时间区段取决于代码运行时的日期。因此，这部分代码对应的新配图会与原书中的配图稍有差异，但对读者不会有任何影响。

感谢我的研究生导师王斌老师的力荐，他让我有幸成为本书的译者。王老师已有《信息检索导论》《大数据：大规模互联网数据挖掘与分布式处理》《机器学习实战》等诸多译著。他并不满足于自己畅读国外的优质书籍，而是字斟句酌、不辞辛劳地完成同样优质的译作与广大中文读者共飨，这份精神让我深受鼓舞。也正因为此，我才鼓起勇气接受了这次自我挑战，不遗余力地完成了人生第一次翻译工作。在这个过程中，要感谢图灵公司的李松峰老师对译稿提出细致严谨的修改意见，感谢傅志红、朱巍、毛倩倩、程芃等出版界同仁在审校、编辑阶段给予的帮助。最后，感谢我的家人，以及BrickMover Team的小伙伴们对翻译本书的支持。

由于自己的专业水平和翻译能力十分有限，加上时间仓促，译稿中的疏漏之处在所难免，恳请读者谅解。希望读者通过新浪微博@张驭宇UCAS和个人邮箱i@zhangyuyu.com，不吝提出宝贵的修改意见和建议，共同努力不断完善译稿。

对于每一个期望快速了解NumPy，却又担心自己迷失在浩如烟海的官方文档中的人，这本书值得一读。

张驭宇

2013年11月于中关村

关于审稿人

Jaidev Deshpande是Enthought公司的一位实习生，他在那里主要做数据分析和数据可视化方面的工作。他是个狂热的科学计算程序员，在信号处理、数据分析和机器学习的很多开源项目中都有贡献。

Alexandre Devert博士在中国科学技术大学从事数据挖掘和软件工程的教学工作。他同时也是一位研究员，从事最优化问题的研究，并在生物技术创业公司中研究数据挖掘问题。在所有这些工作中，Alexandre非常乐于使用Python、NumPy和SciPy。

Mark Livingstone曾为三家跨国计算机公司（如今已不复存在）工作，在工程、产品支持、编程和培训等部门任职。他厌倦了被裁员的遭遇。2011年，他从澳大利亚黄金海岸的Griffith大学毕业，获得信息技术学士学位。目前是他攻读信息技术荣誉学士学位的最后一个学期，研究的是蛋白质相关的算法。研究工作中用到的软件均是在Mac电脑上用Python写成的。他的导师以及整个研究小组都感受到了Python编程的乐趣。

Mark喜欢指导需要帮助的大一新生，他是Griffith大学IEEE学生分会主席，也是Courthouse地区的太平绅士，曾经担任过信用合作社的主管，并将在2013年年底完成100次献血的计划。

他在业余时间也很多产，曾与人合作开发了S2 Salstat Statistics Package（项目主页[1]：http://code.google.com/p/salstat-statistics-package-2/）。这是一个跨平台的统计工具包，其中用到了wxPython、NumPy、SciPy、SciKit、Matplotlib等许多Python模块。

Miklós Prisznyák是一位有自然科学背景的资深软件工程师。他毕业于匈牙利历史最悠久、规模最大的大学Eötvös Loránd大学，从事物理专业工作。他于1992年完成了硕士论文，研究了非阿贝尔的晶格量子场论的蒙特卡罗仿真。在匈牙利物理研究中心工作三年后，他加入了布达佩斯的MultiRáció Kft。这家公司是由一群物理学家创办的，专注于用数学方法分析数据和预测经济数据。在那里，他的主要项目是小区域内的失业统计分析系统，从那时候起，这一系统就一直被匈牙利政府用于公共就业服务。2000年他开始学习Python编程。2002年，他创办了自己的咨询公司，将Python用于所有能用的项目，服务于各种各样的保险、医药和电子商务公司。他还曾在意大利

① 该项目主页已过期并迁移至SourceForge：http://sourceforge.net/projects/s2statistical/。——译者注

的一家欧盟研究所工作，负责测试和优化基于Python的Zope/Plone分布式网络应用程序。2007年他移居英国，先是在一家苏格兰的创业公司工作，使用Twisted Python；随后在英国航天工业部门工作，使用PyQt窗口工具包、Enthought应用程序框架，以及NumPy和SciPy。2012年，他回到匈牙利并重新加入MultiRáció，目前的工作主要涉及OpenOffice/EuroOffice上的Python扩展模块，并再次使用NumPy和SciPy来让用户求解非线性问题和随机优化问题。Miklós喜欢旅行和阅读，他兴趣广泛，对自然科学、语言学、历史、政治、跳棋等均有涉猎。香浓的咖啡是他的最爱。不过，最美好的莫过于和他聪明的10岁大的儿子Zsombor一起享受时光。

Nikolay Karelin拥有光学博士学位，有近20年利用各种方法进行数值仿真和分析的经验，先后在学术界和工业界（从事光纤通信链路的仿真）工作。在初识Python和NumPy后，他在过去的五年内逐渐将这些优秀的工具用于几乎所有数值分析和脚本编写工作。

感谢我的家人，感谢他们在我审阅本书的一个个漫漫长夜所给予的理解与支持。

前言

如今，科学家、工程师以及定量管理分析师面临着众多的挑战。数据科学家们希望能够用最小的编程代价在大数据集上进行数值分析，他们希望自己编写的代码可读性好、执行效率高、运行速度快，并尽可能地贴近他们熟悉的一系列数学概念。在科学计算领域，有很多符合这些要求的解决方案。

在这方面，C、C++和Fortran等编程语言各有优势，但它们不是交互式语言，并且被很多人认为过于复杂。常见的商业产品还有Matlab、Maple和Mathematica。这些产品提供了强大的脚本语言，但和通用编程语言比起来，功能依然很有限。另外还有一些类似于Matlab的开源工具，如R、GNU Octave和Scilab。显然，作为编程语言，它们都不如Python强大。

Python是一种流行的通用编程语言，在科学领域被广泛使用。你很容易在Python代码中调用以前的C、Fortran或者R代码。Python是面向对象语言，比C和Fortran更加高级。使用Python可以写出易读、整洁并且缺陷最少的代码。然而，Python本身并不具有与Matlab等效的功能块，而这恰恰就是NumPy存在的意义。本书就是要介绍NumPy以及相关的Python科学计算库，如SciPy和Matplotlib。

NumPy 是什么

NumPy（Numerical Python的缩写）是一个开源的Python科学计算库。使用NumPy，就可以很自然地使用数组和矩阵。NumPy包含很多实用的数学函数，涵盖线性代数运算、傅里叶变换和随机数生成等功能。如果你的系统中已经装有LAPACK，NumPy的线性代数模块会调用它，否则NumPy将使用自己实现的库函数。LAPACK是一个著名的数值计算库，最初是用Fortran写成的，Matlab同样也需要调用它。从某种意义上讲，NumPy可以取代Matlab和Mathematica的部分功能，并且允许用户进行快速的交互式原型设计。

在本书中，我们不会从程序开发者的角度来讨论NumPy，而是更多地立足于用户，从他们的角度来分析它。不过值得一提的是，NumPy是一个非常活跃的开源项目，拥有很多的贡献者，也许有一天你也能成为其中的一员！

NumPy 的由来

NumPy的前身是Numeric。Numeric最早发布于1995年，如今已经废弃了。由于种种原因，不管是Numeric还是NumPy，都没能进入Python标准库，不过单独安装NumPy也很方便。关于NumPy的安装，我们将在第1章中详细介绍。

早在2001年，一些开发者受Numeric的启发共同开创了一个叫做SciPy的项目。SciPy是一个开源的Python科学计算库，提供了类似于Matlab、Maple和Mathematica的许多功能。那段时间，人们对于Numeric越来越不满。于是，Numarray作为Numeric的替代品问世了。Numarray在某些方面比Numeric更强大，但是它们的工作方式却截然不同。鉴于此，SciPy继续遵循Numeric的工作方式，并延续了对Numeric数组对象的支持。虽然人们总是倾向于使用"最新最好"的软件，但是Numarray依然催生出了一整套的系统，包括很多周边的实用工具软件。

2005年，SciPy的早期发起人之一Travis Oliphant决定改变这一状况，他开始将Numarray的一些特性整合到Numeric中。一整套的代码重构工作就此开始，并于2006年NumPy 1.0发布的时候全部完成。于是NumPy拥有了Numeric和Numarray的所有特性，并且还新增了一些功能。SciPy提供了一个升级工具，可以让用户方便地从Numeric和Numarray升级到NumPy。由于Numeric和Numarray均不再活跃更新，升级是必然的。

如上所述，最初的NumPy其实是SciPy的一部分，后来才从SciPy中分离出来。如今，SciPy在处理数组和矩阵时会调用NumPy。

为什么使用 NumPy

对于同样的数值计算任务，使用NumPy要比直接编写Python代码便捷得多。这是因为NumPy能够直接对数组和矩阵进行操作，可以省略很多循环语句，其众多的数学函数也会让编写代码的工作轻松许多。NumPy的底层算法在设计时就有着优异的性能，并且经受住了时间的考验。

NumPy中数组的存储效率和输入输出性能均远远优于Python中等价的基本数据结构（如嵌套的list容器）。其能够提升的性能是与数组中元素的数目成比例的。对于大型数组的运算，使用NumPy的确很有优势。对于TB级的大文件，NumPy使用内存映射文件来处理，以达到最优的数据读写性能。不过，NumPy数组的通用性不及Python提供的list容器，这是其不足之处。因此在科学计算之外的领域，NumPy的优势也就不那么明显了。关于NumPy数组的技术细节，我们将在后面详细讨论。

NumPy的大部分代码都是用C语言写成的，这使得NumPy比纯Python代码高效得多。NumPy同样支持C语言的API，并且允许在C源代码上做更多的功能拓展。C API的内容不在本书讨论之列。最后要记住一点，NumPy是开源的，这意味着使用NumPy可以享受到开源带来的所有益处。价格低到了极限——免费。你再也不用担心每次有新成员加入团队时，就要面对软件授权及更新的问题了。开源代码是向所有人开放的，对于代码质量而言这是非常有利的。

NumPy 的局限性

如果你是Java程序员，可能会对Jython感兴趣。Jython是Python语言在Java中的完整实现。遗憾的是，Jython运行在Java虚拟机上，无法调用NumPy，因为大部分NumPy模块是用C语言实现的。Python和Jython可以说是完全不同的两个世界，尽管它们实现的是同一套语言规范。当然，仍然有一些变通方案，具体内容在本书作者的另一本著作《NumPy攻略》中有所讨论。

本书内容

第1章指导你在系统中安装NumPy，并创建一个基本的NumPy应用程序。

第2章介绍NumPy数组对象以及一些基础知识。

第3章教你使用NumPy中最常用的基本数学和统计分析函数。

第4章讲述如何便捷地使用NumPy，包括如何选取数组的某一部分（例如根据一组布尔值来选取）、多项式拟合，以及操纵NumPy对象的形态。

第5章涵盖了矩阵和通用函数的内容。矩阵在数学中使用广泛，在NumPy中也有专门的对象来表示。通用函数（ufuncs）是一个能用于NumPy对象的标量函数，该函数的输入为一组标量，并将生成一组标量作为输出。

第6章探讨通用函数的一些基本模块。通用函数通常可映射到对应的数学运算，如加、减、乘、除等。

第7章介绍NumPy中的一些专用函数。作为NumPy用户，我们时常发现自己有一些特殊的需求。幸运的是，NumPy能满足我们的大部分需求。

第8章介绍怎样编写NumPy的单元测试代码。

第9章深入介绍非常有用的Python绘图库Matplotlib。虽然NumPy本身不能用来绘图，但是Matplotlib和NumPy两者完美地结合在一起，其绘图能力可与Matlab相媲美。

第10章更详细地介绍SciPy。如前所述，SciPy和NumPy是有历史渊源的，SciPy是一套高端Python科学计算框架，可以与NumPy共同使用。

第11章是本书的“餐后甜点”，这一章介绍如何用NumPy和Pygame写出有趣的游戏。同时，我们也将从中“品尝”到人工智能的“滋味”。

阅读条件

要试验本书中的代码，你需要安装最新版NumPy，因此要先安装能够运行NumPy的任一版Python。本书部分示例代码采用Matplotlib进行绘图，这些代码不一定需要读者全部运行，但依然推荐安装Matplotlib。本书最后一章讲的是SciPy，会讨论一个使用SciKits的例子。

以下是开发及测试示例代码所需的软件：

- Python 2.7
- NumPy 2.0.0.dev20100915
- SciPy 0.9.0.dev20100915
- Matplotlib 1.1.1
- Pygame 1.9.1
- IPython 0.14.dev

当然，我并不是要你在计算机上装全这些软件或者必须装指定版本，但Python和NumPy是必须安装的。

读者对象

本书适合正在找寻高质量开源数学库的科学家、工程师、程序员和分析师阅读参考。读者应具备一些基本的Python编程知识。此外，读者应该是经常与数学和统计学打交道，或起码对它们感兴趣。

排版约定

本书会通过不同样式区别不同类型的内容。下面给出部分样式的示例及解释。

正文中的代码格式如此处所示：“注意`numpysum()`函数中没有使用`for`循环。”

代码段如下所示：

```
def numpysum(n):
  a = numpy.arange(n) ** 2
  b = numpy.arange(n) ** 3
  c = a + b
  return c
```

当我们希望你注意代码中的某一部分时，会将相关的行或项用粗体表示：

```
reals = np.isreal(xpoints)
print "Real number?", reals
Real number? [ True True True True False False False False ]
```

命令行输入输出如下所示：

```
>>>fromnumpy.testing import rundocs
>>>rundocs('docstringtest.py')
```

*新术语*和*重要的名词*将用楷体表示。你在屏幕、菜单或对话框中看到的文本会采用加粗样式："单击**Next**按钮进入下一界面。"

警告或重要说明将写在这里。

小贴士和技巧将写在这里。

读者反馈

一直以来，我们都非常欢迎读者朋友的意见反馈。请告诉我们你对本书的看法，以及你喜欢还是不喜欢书中的内容。你的意见对我们非常重要，我们将努力使你从阅读中得到最大的收获。

如果希望提出一些反馈意见，敬请发送邮件至feedback@packtpub.com，并请在邮件标题中写上书名。

如果你想看某方面的书并希望我们出版，请通过www.packtpub.com上的SUGGEST A TITLE表单提交选题建议，或发送邮件至suggest@packtpub.com。

如果你是某个领域的专家，或有兴趣写书，欢迎访问www.packtpub.com/authors，里面有我们的作者指南。

售后支持

感谢你购买Packt出版的图书。我们有诸多售后支持服务，希望给你提供最大的附加价值。

示例代码下载

如果你是www.packtpub.com的注册用户并从那里购买了图书，可以从网站上下载配套的示例代码[①]。如果你是在别处购买了本书，可以访问www.packtpub.com/support并注册，我们会直接将示例代码以邮件形式发送给你。

勘误

尽管我们处处小心以保证图书内容的准确性，但错误仍在所难免。如果你在阅读过程中发现错误并告知我们，不管是文字还是代码中的错误，我们都将不胜感激。这样做可使其他读者免于困惑，也能帮助我们不断改进后续版本。如果你发现任何错误，敬请访问www.packtpub.com/support报告给我们，即在网页上选择你购买的图书，单击errata submission form（提交勘误[②]）链接，并输入详细描述。一旦你提出的错误被证实，你的勘误将被接受并上传至我们的网站，或加入到已有的勘误列表中。若要查看已有勘误，请访问www.packtpub.com/support并通过书名查找。

关于盗版

在网上，所有媒体都会遭遇盗版问题。Packt非常重视版权保护工作。如果你在网上发现Packt出版物的任何非法副本，请立即向我们提供侵权网站的地址或名称，以便我们采取补救措施。

敬请通过copyright@packtpub.com联系我们，告知涉嫌侵权内容的链接。

我们非常感激你的帮助。这将保护我们作者的利益，同时也使我们有能力继续提供高品质的内容。

疑难解答

如果对本书的任何方面有疑问，欢迎发送邮件至questions@packtpub.com，我们将尽最大努力为你答疑解惑。

---

① 也可在图灵社区（iTuring.cn）本书网页免费注册下载。——编者注

② 关于本书中文版的勘误，请访问图灵社区（iTuring.cn）本书网页提交。——编者注

目　录

第1章

NumPy快速入门

1

让我们开始吧。首先，我们将介绍如何在不同的操作系统中安装NumPy和相关软件，并给出使用NumPy的简单示例代码。然后，我们将简单介绍IPython（一种交互式shell工具）。如前言所述，SciPy和NumPy有着密切的联系，因此你将多次看到SciPy的身影。在本章的末尾，我们将告诉你如何利用在线资源，以便你在受困于某个问题或不确定最佳的解题方法时，可以在线获取帮助。

本章涵盖以下内容：

- 在Windows、Linux和Macintosh操作系统上安装Python、SciPy、Matplotlib、IPython和NumPy；
- 编写简单的NumPy代码；
- 了解IPython；
- 浏览在线文档和相关资源。

1.1 Python

NumPy是基于Python的，因此在安装NumPy之前，我们需要先安装Python。某些操作系统已经默认安装有Python环境，但你仍需检查Python的版本是否与你将要安装的NumPy版本兼容。Python有很多种实现，包括一些商业化的实现和发行版。在本书中，我们将使用CPython[①]实现，从而保证与NumPy兼容。

1.2 动手实践：在不同的操作系统上安装 Python

NumPy在Windows、各种Linux发行版以及Mac OS X上均有二进制安装包。如果你愿意，也

① CPython是用C语言实现的Python解释器。——译者注

可以安装包含源代码的版本。你需要在系统中安装Python 2.4.x或更高的版本。我们将给出在以下操作系统中安装Python的各个步骤。

(1) Debian和Ubuntu Debian和Ubuntu可能已经默认安装了Python，但开发者包（development headers）[①]一般不会默认安装。在Debian和Ubuntu中安装python和python-dev的命令如下：

```
sudo apt-get install python
sudo apt-get install python-dev
```

(2) Windows Python的Windows安装程序可以在www.python.org/download下载。在这个站点中，我们也可以找到Mac OS X的安装程序，以及Linux、Unix和Mac OS X下的源代码包。

(3) Mac Mac OS X中预装了Python，而我们也可以通过MacPorts、Fink或者类似的包管理工具来获取Python。举例来说，可以使用如下命令安装Python 2.7：

```
sudo port install python27
```

LAPACK并不是必需的，但如果需要，NumPy在安装过程中将检测并使用之。我们推荐大家安装LAPACK以便应对海量数据的计算，因为它拥有高效的线性代数计算模块。

刚才做了些什么

我们在Debian、Ubuntu、Windows和Mac操作系统中安装了Python。

1.3 Windows

在Windows上安装NumPy是很简单的。你只需要下载安装程序，运行后在安装向导的指导下完成安装。

1.4 动手实践：在 Windows 上安装 NumPy、Matplotlib、SciPy 和 IPython

在Windows上安装NumPy是必需的，但幸运的是，安装过程并不复杂，我们将在下面详细阐述。建议你安装Matplotlib、SciPy和IPython，虽然这一操作对于使用本书不是必需的。我们将按照如下步骤安装这些软件。

(1) 从SourceForge网站下载NumPy的Windows安装程序：

http://sourceforge.net/projects/numpy/files/

① 该软件包提供编译Python模块所需的静态库、头文件以及distutils工具等。——译者注

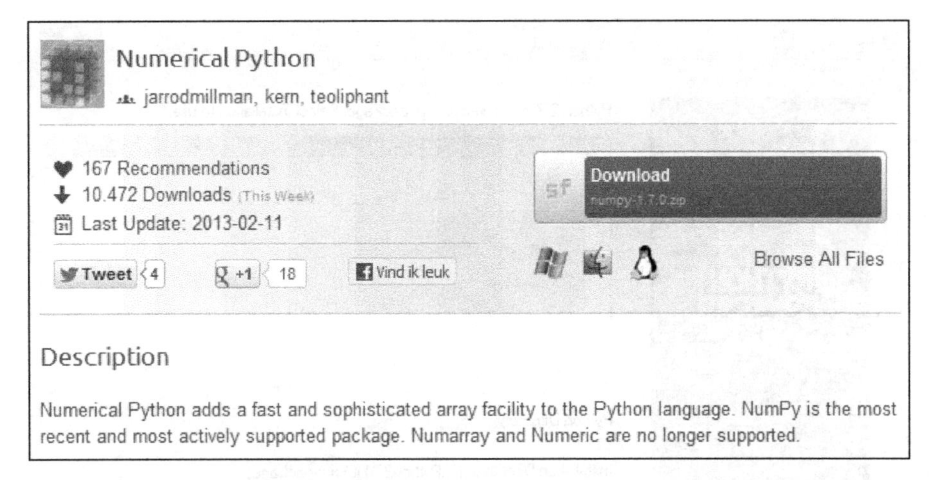

请选择合适的版本。在上图中，我们选择了numpy-1.7.0-win32-superpack-python2.7.exe。

(2) 下载完成后，双击运行安装程序。

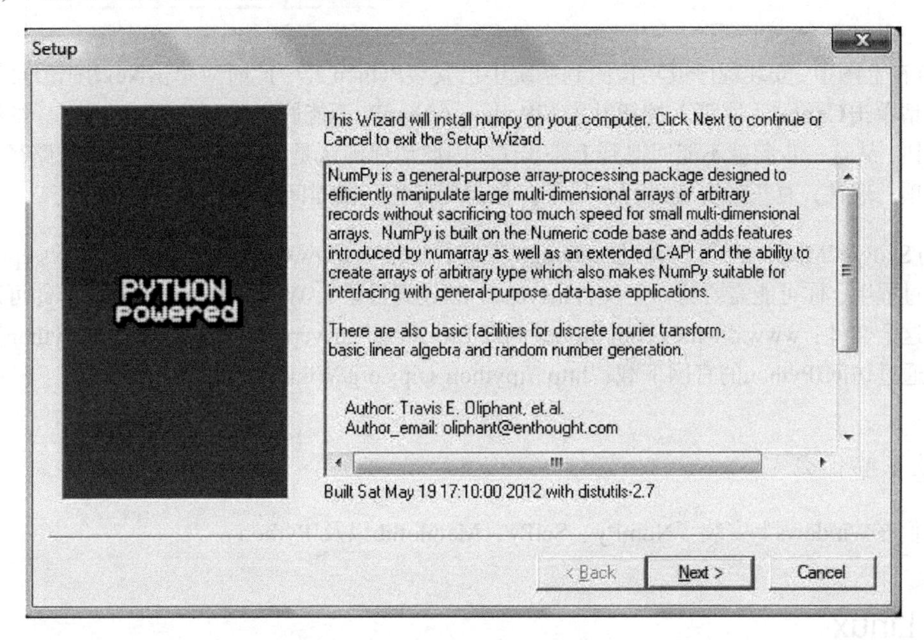

(3) 现在，我们可以看到一段对NumPy的描述以及其特性，如上图所示。单击**Next**（下一步）按钮以继续安装。

(4) 如果你已经安装了Python，NumPy的安装程序应该能自动检测到。如果没有检测到Python，可能是你的路径设置有误。在本章的末尾，我们列出了一些在线资源，供安装NumPy时遇到问题的读者参考。

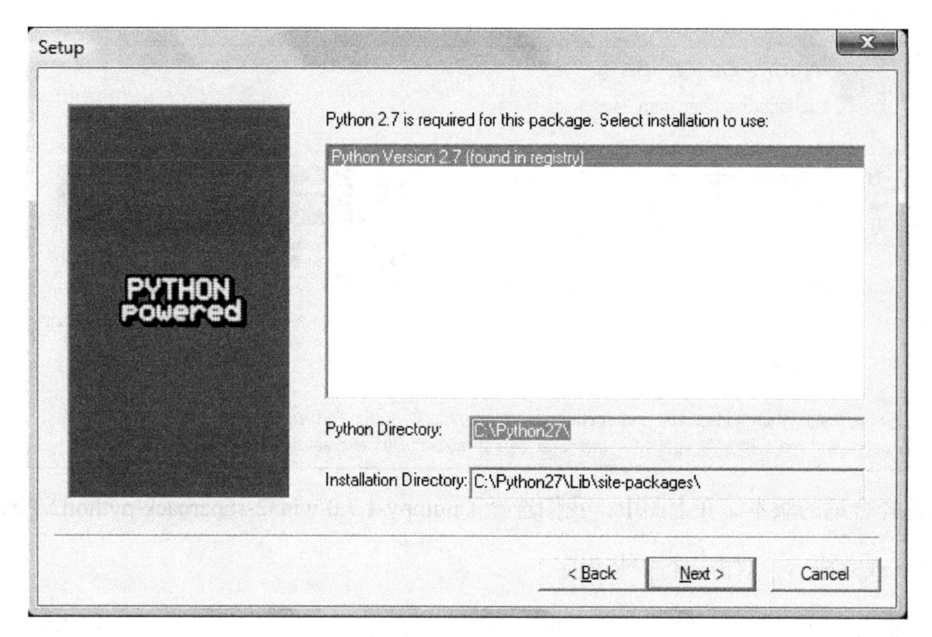

(5) 在上图中，安装程序成功检测到系统中已安装Python 2.7，此时应单击**Next**按钮继续安装；否则，请单击**Cancel**（取消）按钮并安装Python（NumPy不能脱离Python单独安装）。继续单击**Next**按钮，从这一步起就不能回退到上一步了，因此请你确认是否选择了合适的安装路径和其他安装选项。现在，真正的安装过程开始了，你需要等待一段时间。

(6) SciPy和Matplotlib可以通过Enthought安装，地址为www.enthought.com/products/epd.php。在安装过程中，你可能需要将一个文件msvcp71.dll放到目录C:\Windows\system32下。你可以从这里下载这个文件：www.dll-files.com/dllindex/dll-files.shtml?msvcp71。Windows下的IPython安装程序可以通过访问IPython的官网下载：http://ipython.scipy.org/Wiki/IpythonOnWindows。

刚才做了些什么

我们在Windows上安装了NumPy、SciPy、Matplotlib以及IPython。

1.5 Linux

在Linux上安装NumPy和相关软件的方法取决于具体使用的Linux发行版。我们将用命令行的方式安装NumPy，不过你也可以使用图形界面安装程序，这取决于具体的Linux发行版。除了软件包的名字不一样，安装Matplotlib、SciPy和IPython的命令与安装NumPy时是完全一致的。这几个软件包不是必需安装的，但这里建议你也一并安装。

1.6 动手实践：在 Linux 上安装 NumPy、Matplotlib、SciPy 和 IPython

大部分Linux发行版都有NumPy的软件包。我们将针对一些流行的Linux发行版给出安装步骤。

(1) 要在Red Hat上安装NumPy，请在命令行中执行如下命令：

```
yum install python-numpy
```

(2) 要在Mandriva上安装NumPy，请在命令行中执行如下命令：

```
urpmi python-numpy
```

(3) 要在Gentoo上安装NumPy，请在命令行中执行如下命令：

```
sudo emerge numpy
```

(4) 要在Debian或Ubuntu上安装NumPy，请在命令行中执行如下命令：

```
sudo apt-get install python-numpy
```

下表给出了各Linux发行版中相关软件包的名称以供参考。

Linux发行版	NumPy	SciPy	Matplotlib	IPython
Arch Linux	python-numpy	python-scipy	python-matplotlib	ipython
Debian	python-numpy	python-scipy	python-matplotlib	ipython
Fedora	numpy	python-scipy	python-matplotlib	ipython
Gentoo	dev-python/numpy	scipy	matplotlib	ipython
OpenSUSE	python-numpy,python-numpy-devel	python-scipy	python-matplotlib	ipython
Slackware	numpy	scipy	matplotlib	ipython

刚才做了些什么

我们在各种Linux发行版上安装了NumPy、SciPy、Matplotlib以及IPython。

1.7 Mac OS X

在Mac上，你可以通过图形用户界面或者命令行来安装NumPy、Matplotlib和SciPy，根据自己的喜好选择包管理工具，如MacPorts或Fink等。

1.8 动手实践：在 Mac OS X 上安装 NumPy、Matplotlib 和 SciPy

我们将使用图形用户界面安装程序，安装步骤如下所示。

(1) 我们先从SourceForge页面下载NumPy的安装程序，地址为http://sourceforge.net/projects/numpy/files/。Matplotlib和SciPy也可以用类似的方式下载，只需将前面URL中的numpy修改为scipy或matplotlib。在我写作本书的时候，IPython还没有提供图形界面的安装程序。如下面的截图所示，请单击下载合适的DMG文件，且通常要选择最新版本的文件。

Looking for the latest version? **Download numpy-1.7.0.zip (3.1 MB)**

Home　f

Name	Modified	Size	Downloads
NumPy	2013-02-10		
Old Numarray	2006-08-24		
Old Numeric	2005-11-13		

Totals: 3 Items

(2) 打开下载的DMG文件（示例中为numpy-1.7.0-py2.7-python.org-macosx10.6.dmg），如下图所示。

❑ 在打开的窗口中，双击那个下方文字以**.mpkg**结尾的图标，我们将看到安装程序的欢迎界面。

- 单击Continue（继续）按钮进入**Read Me**（自述页）界面，我们将看到一小段NumPy的描述文字，如下图所示 。

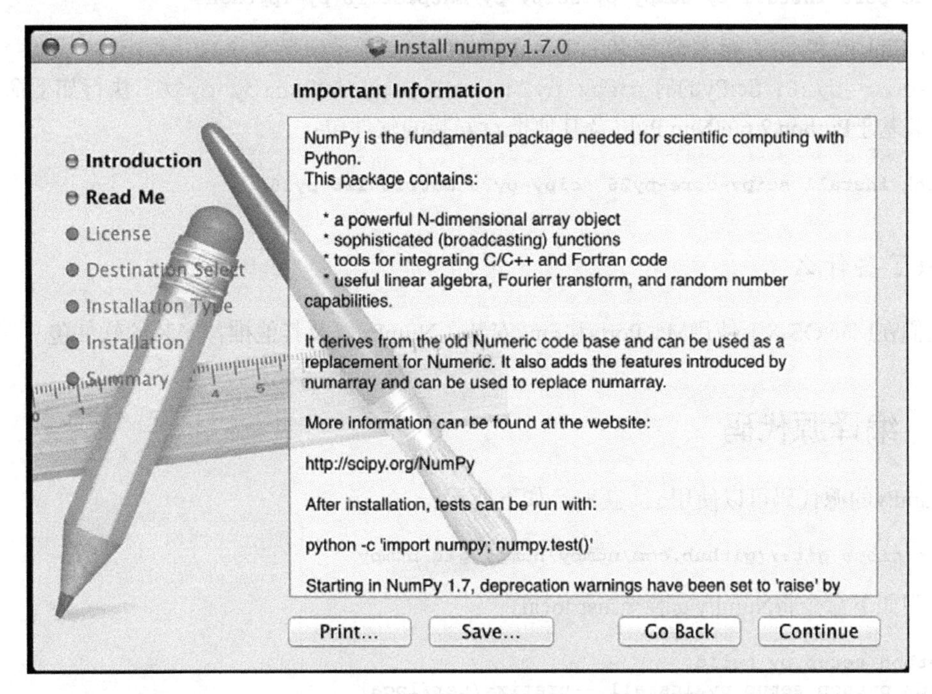

- 单击**Continue**按钮，可以看到关于软件许可协议的说明。

(3) 阅读软件许可协议，单击**Continue**按钮，在被提示是否接受协议时单击**Accept**（同意）按钮。继续安装，最后单击**Finish**（完成）按钮结束安装。

刚才做了些什么

我们在Mac OS X上用图形用户界面安装程序安装了NumPy。SciPy和Matplotlib的安装步骤与之很类似，使用上面第(1)步中提到的URL进行下去即可。

1.9 动手实践：使用 MacPorts 或 Fink 安装 NumPy、SciPy、Matplotlib 和 IPython

我们也可以选择另外一种安装方式，即使用MacPorts或Fink来安装NumPy、SciPy、Matplotlib以及IPython。下面给出的安装步骤将安装所有这些软件包。在本书中只有NumPy是必需的，如果你对其他软件包不感兴趣，也可以暂不安装。

(1) 输入以下命令，从MacPorts安装这些软件包：

```
sudo port install py-numpy py-scipy py-matplotlib py-ipython
```

(2) Fink也包含了相关软件包：NumPy的有`scipy-core-py24`、`scipy-core-py25`和`scipy-core-py26`；SciPy的有`scipy-py24`、`scipy-py25`和`scipy-py26`。执行如下命令，我们来安装基于Python 2.6的NumPy以及其他推荐安装的软件包：

```
fink install scipy-core-py26 scipy-py26 matplotlib-py26
```

刚才做了些什么

我们在Mac OS X上使用MacPorts和Fink安装了NumPy以及其他推荐安装的软件包。

1.10 编译源代码

NumPy的源代码可以使用`git`获取，如下所示：

```
git clone git://github.com/numpy/numpy.git numpy
```

使用如下命令将NumPy安装至/usr/local：

```
python setup.py build
sudo python setup.py install --prefix=/usr/local
```

我们需要有C编译器（如GCC）和Python开发者包（`python-dev`或`python-devel`），然后才可对源代码进行编译。

1.11 数组对象

在介绍完NumPy的安装步骤后，我们来看看NumPy中的数组对象。NumPy数组在数值运算方面的效率优于Python提供的list容器。使用NumPy可以在代码中省去很多循环语句，因此其代码比等价的Python代码更为简洁。

1.12 动手实践：向量加法

假设我们需要对两个向量a和b做加法。这里的向量即数学意义上的一维数组，随后我们将在第5章中学习如何用NumPy数组表示矩阵。向量a的取值为0~n的整数的平方，例如n取3时，向量a为0、1或4。向量b的取值为0~n的整数的立方，例如n取3时，向量b为0、1或8。用纯Python代码应该怎么写呢？我们先想一想这个问题，随后再与等价的NumPy代码进行比较。

(1) 以下的纯Python代码可以解决上述问题：

```
def pythonsum(n):
    a = range(n)
    b = range(n)
    c = []

    for i in range(len(a)):
        a[i] = i ** 2
        b[i] = i ** 3
        c.append(a[i] + b[i])

    return c
```

(2) 以下是使用NumPy的代码，它同样能够解决问题：

```
def numpysum(n):
  a = numpy.arange(n) ** 2
  b = numpy.arange(n) ** 3
  c = a + b
  return c
```

注意，`numpysum()`函数中没有使用`for`循环。同时，我们使用NumPy中的`arange`函数来创建包含0~n的整数的NumPy数组。代码中的`arange`函数前面有一个前缀`numpy`，表明该函数是从NumPy模块导入的。

下面我们做一个有趣的实验。在前言部分我们曾提到，NumPy在数组操作上的效率优于纯Python代码。那么究竟快多少呢？接下来的程序将告诉我们答案，它以微秒（10^{-6} s）的精度分别记录下`numpysum()`和`pythonsum()`函数的耗时。这个程序还将输出加和后的向量最末的两个元素。让我们来看看纯Python代码和NumPy代码是否得到相同的结果：

```
#!/usr/bin/env/python

import sys
from datetime import datetime
import numpy as np

"""
 本书第1章
 该段代码演示Python中的向量加法
 使用如下命令运行程序：

    python vectorsum.py n

 n为指定向量大小的整数

 加法中的第一个向量包含0到n的整数的平方
 第二个向量包含0到n的整数的立方
 程序将打印出向量加和后的最后两个元素以及运行消耗的时间
"""
```

```
def numpysum(n):
    a = np.arange(n) ** 2
    b = np.arange(n) ** 3
    c = a + b

    return c

def pythonsum(n):
    a = range(n)
    b = range(n)
    c = []

    for i in range(len(a)):
        a[i] = i ** 2
        b[i] = i ** 3
        c.append(a[i] + b[i])

    return c

size = int(sys.argv[1])

start = datetime.now()
c = pythonsum(size)
delta = datetime.now() - start
print "The last 2 elements of the sum", c[-2:]
print "PythonSum elapsed time in microseconds", delta.microseconds
start = datetime.now()
c = numpysum(size)
delta = datetime.now() - start
print "The last 2 elements of the sum", c[-2:]
print "NumPySum elapsed time in microseconds", delta.microseconds
```

程序在向量元素个数为1000、2000和3000时的输出分别为：

```
$ python vectorsum.py 1000
The last 2 elements of the sum [995007996, 998001000]
PythonSum elapsed time in microseconds 707
The last 2 elements of the sum [995007996 998001000]
NumPySum elapsed time in microseconds 171

$ python vectorsum.py 2000
The last 2 elements of the sum [7980015996, 7992002000]
PythonSum elapsed time in microseconds 1420
The last 2 elements of the sum [7980015996 7992002000]
NumPySum elapsed time in microseconds 168

$ python vectorsum.py 4000
The last 2 elements of the sum [63920031996, 63968004000]
PythonSum elapsed time in microseconds 2829
The last 2 elements of the sum [63920031996 63968004000]
NumPySum elapsed time in microseconds 274
```

如果你是www.packtpub.com的用户并从那里购买了图书，可以从网站上下载配套的示例代码。如果你是在别处购买了本书，可以访问www.packtpub.com/support进行登记，我们会直接将示例代码文件以邮件形式发送给你。

刚才做了些什么

显然，NumPy代码比等价的纯Python代码运行速度快得多。有一点可以肯定，即不论我们使用NumPy还是Python，得到的结果是一致的。不过，两者的输出结果在形式上有些差异。注意，`numpysum()`函数的输出不包含逗号。这是为什么呢？显然，我们使用的是NumPy数组，而非Python自身的list容器。正如前言中所述，NumPy数组对象以专用数据结构来存储数值。我们将在下一章中详细介绍NumPy数组对象。

突击测验：arange函数的功能

问题1 `arange(5)`的作用是什么？

(1) 创建一个包含5个元素的Python列表（list），取值分别为1~5的整数

(2) 创建一个包含5个元素的Python列表，取值分别为0~4的整数

(3) 创建一个包含5个元素的NumPy数组，取值分别为1~5的整数

(4) 创建一个包含5个元素的NumPy数组，取值分别为0~4的整数

(5) 以上都不对

勇敢出发：进一步分析

我们用来比较NumPy和常规Python代码运行速度的程序不是特别严谨，如果将相同的实验重复多次并计算相应的统计量（如平均运行时间等）会更科学。你可以把实验结果绘制成图表，并展示给你的好友和同事。

我们在本章的最后给出了一些在线文档和相关资源，你可以在线获取帮助。顺便提一下，NumPy中的统计函数可以帮你计算平均数。建议你使用Matplotlib绘图。（第9章概述了Matplotlib。）

1.13 IPython：一个交互式 shell 工具

科学家和工程师都喜欢做实验，而IPython正是诞生于爱做实验的科学家之手。IPython提供

的交互式实验环境被很多人认为是Matlab、Mathematica和Maple的开源替代品。你可以在线获取包括安装指南在内的更多信息，地址为http://ipython.org/。

IPython是开源免费的软件，可以在Linux、Unix、Mac OS X以及Windows上使用。IPython的作者们希望那些用到IPython的科研工作成果在发表时能够提到IPython，这是他们对IPython使用者唯一的要求。下面是IPython的基本功能：

- Tab键自动补全；
- 历史记录存档；
- 行内编辑；
- 使用`%run`可以调用外部Python脚本；
- 支持系统命令；
- 支持pylab模式；
- Python代码调试和性能分析。

在pylab模式下，IPython将自动导入`SciPy`、`NumPy`和`Matplotlib`模块。如果没有这个功能，我们只能手动导入每一个所需模块。

而现在，我们只需在命令行中输入如下命令：

```
$ ipython --pylab
Python 2.7.2 (default, Jun 20 2012, 16:23:33)
Type "copyright", "credits" or "license" for more information.

IPython 0.14.dev -- An enhanced Interactive Python.
?         -> Introduction and overview of IPython's features.
%quickref -> Quick reference.
help      -> Python's own help system.
object?   -> Details about 'object', use 'object??' for extra details.

Welcome to pylab, a matplotlib-based Python environment [backend: MacOSX].
For more information, type 'help(pylab)'.
In [1]: quit()
```

使用`quit()`函数或快捷键Ctrl+D均可以退出IPython shell。有时我们想要回到之前做过的实验，IPython可以便捷地保存会话以便稍后使用。

```
In [1]: %logstart
Activating auto-logging. Current session state plus future input saved.
Filename       : ipython_log.py
Mode           : rotate
Output logging : False
Raw input log  : False
Timestamping   : False
State          : active
```

举例来说，我们将之前的向量加法程序放在当前目录下，可以按照如下方式运行脚本：

```
In [1]: ls
README          vectorsum.py
In [2]: %run -i vectorsum.py 1000
```

你可能还记得，这里的1000是指向量中元素的数量。%run的-d参数将开启ipdb调试器，键入c后，脚本就开始逐行执行了（如果脚本有*n*行，就一共执行n步直到代码结束）。在ipdb提示符后面键入quit可以关闭调试器。

```
In [2]: %run -d vectorsum.py 1000
*** Blank or comment
*** Blank or comment
Breakpoint 1 at: /Users/.../vectorsum.py:3
```

在ipdb>提示符后面键入c，从而开始运行代码。

```
><string>(1)<module>()
ipdb> c
> /Users/.../vectorsum.py(3)<module>()
      2
1---> 3 import sys
      4 from datetime import datetime
ipdb> n
>
/Users/.../vectorsum.py(4)<module>()
1     3 import sys
----> 4 from datetime import datetime
      5 import numpy
ipdb> n
> /Users/.../vectorsum.py(5)<module>()
      4 from datetime import datetime
----> 5 import numpy
      6
ipdb> quit
```

我们还可以使用%run的-p参数对脚本进行性能分析。

```
In [4]: %run -p vectorsum.py 1000
         1058 function calls (1054 primitive calls) in 0.002 CPU seconds
   Ordered by: internal time
ncallstottimepercallcumtimepercallfilename:lineno(function)
1 0.001     0.001    0.001    0.001 vectorsum.py:28(pythonsum)
1 0.001     0.001    0.002    0.002 {execfile}
1000 0.000     0.0000.0000.000    {method "append" of 'list' objects}
1 0.000       0.000     0.002    0.002 vectorsum.py:3(<module>)
1 0.000       0.0000.0000.000  vectorsum.py:21(numpysum)
3     0.000     0.0000.0000.000    {range}
1     0.000     0.0000.0000.000    arrayprint.py:175(_array2string)
3/1     0.000     0.0000.0000.000 arrayprint.py:246(array2string)
2     0.000     0.0000.0000.000    {method 'reduce' of 'numpy.ufunc' objects}
4     0.000     0.0000.0000.000    {built-in method now}
2     0.000     0.0000.0000.000    arrayprint.py:486(_formatlnteger)
2     0.000     0.0000.0000.000    {numpy.core.multiarray.arange}
1     0.000     0.0000.0000.000    arrayprint.py:320(_formatArray)
```

```
3/1     0.000     0.0000.0000.000 numeric.py:1390(array_str)
1     0.000     0.0000.0000.000     numeric.py:216(asarray)
2     0.000     0.0000.0000.000     arrayprint.py:312(_extendLine)
1     0.000     0.0000.0000.000     fromnumeric.py:1043(ravel)
2     0.000     0.0000.0000.000     arrayprint.py:208(<lambda>)
1     0.000     0.000     0.002    0.002<string>:1(<module>)
11     0.000     0.0000.0000.000 {len}
2     0.000     0.0000.0000.000     {isinstance}
1     0.000     0.0000.0000.000     {reduce}
1     0.000     0.0000.0000.000     {method 'ravel' of 'numpy.ndarray' objects}
4     0.000     0.0000.0000.000     {method 'rstrip' of 'str' objects}
3     0.000     0.0000.0000.000     {issubclass}
2     0.000     0.0000.0000.000     {method 'item' of 'numpy.ndarray' objects}
1     0.000     0.0000.0000.000     {max}
1     0.000     0.0000.0000.000     {method 'disable' of ' lsprof.Profiler'
objects}
```

根据性能分析的结果，可以更多地了解程序的工作机制，并能够据此找到程序的性能瓶颈。使用%hist命令可以查看命令行历史记录。

```
In [2]: a=2+2
In [3]: a
Out[3]: 4
In [4]: %hist
1: _ip.magic("hist ")
2: a=2+2
3: a
```

通过前面的介绍，希望你也认为IPython是非常有用的工具了！

1.14　在线资源和帮助

在IPython的pylab模式下，我们可以使用help命令打开NumPy函数的手册页面。你并不需要知道所有函数的名字，因为可以在键入少量字符后按下Tab键进行自动补全。例如，我们来查看一下arange函数的相关信息。

```
In [2]: help ar<Tab>
```

arange	arctan	argsort	array_equal	arrow
arccos	arctan2	argwhere	array_equiv	
arccosh	arctanh	around	array_repr	
arcsin	argmax	array	array_split	
arcsinh	argmin	array2string	array_str	

```
In [2]: help arange
```

另一种方法是在函数名后面加一个问号：

```
In [3]: arange?
```

可以访问http://docs.scipy.org/doc/查看NumPy和SciPy的在线文档。在这个网页上，你可以访问http://docs.scipy.org/doc/numpy/reference/浏览NumPy的参考资料、用户指南以及一些使用教程。

NumPy的wiki站点上也有许多相关文档可供参考：http://docs.scipy.org/numpy/Front%20Page/。

NumPy和SciPy的论坛地址为http://ask.scipy.org/en。

广受欢迎的开发技术问答网站Stack Overflow上有成百上千的提问被标记为`numpy`相关问题。你可以到这里查看这些问题：http://stackoverflow.com/questions/tagged/numpy。

如果你确实被某个问题困住了，或者想了解NumPy开发的最新进展，可以订阅NumPy的讨论组邮件列表，电子邮件地址为numpy-discussion@scipy.org。每天的邮件数量不会太多，并且基本不会讨论无意义的事情。最重要的是，NumPy的活跃开发者们也愿意回答讨论组里提出的问题。完整的邮件列表可以在这里找到：www.scipy.org/Mailing_Lists。

对于IRC①的用户，可以查看irc.freenode.net上的IRC频道。尽管该频道的名称是`#scipy`，但你也可以提出NumPy的问题，因为SciPy是基于NumPy的，SciPy的用户也了解NumPy的知识。SciPy频道上至少会有50人同时在线。

1.15 本章小结

在本章中，我们安装了NumPy以及其他推荐软件。我们成功运行了向量加法程序，并以此证明了NumPy优异的性能。随后，我们介绍了交互式shell工具IPython。此外，我们还列出了供你参考的NumPy文档和在线资源。

在下一章中，我们将深入了解NumPy中的一些基本概念，包括数组和数据类型。

① Internet Relay Chat，一种公开的协议，用于网络即时聊天。——译者注

第2章

NumPy基础

在上一章中我们学习了NumPy的安装，并试着运行了一些代码。现在，让我们正式学习NumPy的基础知识吧。

本章涵盖以下内容：

- 数据类型；
- 数组类型；
- 类型转换；
- 创建数组；
- 数组索引；
- 数组切片；
- 改变维度。

不过，在正式学习之前，我想就本章中的示例代码做一些说明。本章代码段中的输入和输出均来自IPython会话。我们曾在第1章介绍过用于科学计算的交互式shell工具IPython。IPython的pylab模式可以自动导入包括NumPy在内的很多Python科学计算库，并且在IPython中没有必要显式调用`print`语句输出变量的值。不过，本书配套的源代码文件中均为使用了`import`和`print`语句的标准Python代码。

2.1 NumPy 数组对象

NumPy中的`ndarray`是一个多维数组对象，该对象由两部分组成：

- 实际的数据；
- 描述这些数据的元数据。

大部分的数组操作仅仅修改元数据部分，而不改变底层的实际数据。

在第1章中，我们已经知道如何使用arange函数创建数组。实际上，当时创建的数组只是包含一组数字的一维数组，而ndarray支持更高的维度。

NumPy数组一般是同质的（但有一种特殊的数组类型例外，它是异质的），即数组中的所有元素类型必须是一致的。这样有一个好处：如果我们知道数组中的元素均为同一类型，该数组所需的存储空间就很容易确定下来。

与Python中一样，NumPy数组的下标也是从0开始的。数组元素的数据类型用专门的对象表示，而这些对象我们将在本章详细探讨。

我们再次用arange函数创建数组，并获取其数据类型：

```
In: a = arange(5)
In: a.dtype
Out: dtype('int64')
```

数组a的数据类型为int64（在我的机器上是这样），当然如果你使用32位的Python，得到的结果可能是int32。不论是哪种情形，该数组的数据类型都是整数（64位或32位）。除了数据类型，数组的维度也是重要的属性。

第1章中的例子演示了怎样创建一个向量（即一维的NumPy数组）。向量在数学中很常用，但大部分情况下，我们需要更高维的对象。先来确定一下刚刚所创建向量的维度：

```
In [4]: a
Out[4]: array([0, 1, 2, 3, 4])
In: a.shape
Out: (5,)
```

正如你所看到的，这是一个包含5个元素的向量，取值分别为0~4的整数。数组的shape属性返回一个元组（tuple），元组中的元素即为NumPy数组每一个维度上的大小。上面例子中的数组是一维的，因此元组中只有一个元素。

2.2 动手实践：创建多维数组

既然我们已经知道如何创建向量，现在可以试着创建多维的NumPy数组，并查看其维度了。

(1) 创建一个多维数组。

(2) 显示该数组的维度。

```
In: m = array([arange(2), arange(2)])
In: m
Out:
array([[0, 1],
       [0, 1]])
```

```
In: m.shape
Out: (2, 2)
```

刚才做了些什么

我们将arange函数创建的数组作为列表元素，把这个列表作为参数传给array函数，从而创建了一个2×2的数组，而且没有出现任何报错信息。

array函数可以依据给定的对象生成数组。给定的对象应是类数组，如Python中的列表。在上面的例子中，我们传给array函数的对象是一个NumPy数组的列表。像这样的类数组对象是array函数的唯一必要参数，其余的诸多参数均为有默认值的可选参数。

突击测验：ndarray对象维度属性的存储方式

问题1　ndarray对象的维度属性是以下列哪种方式存储的？

(1) 逗号隔开的字符串

(2) Python列表（list）

(3) Python元组（tuple）

勇敢出发：创建3×3的多维数组

现在，创建一个3×3的多维数组应该不是一件难事。试试看，并在创建多维数组后检查其维度是否与你设想的一致。

2.2.1　选取数组元素

有时候，我们需要选取数组中的某个特定元素。首先还是创建一个2×2的多维数组：

```
In: a = array([[1,2],[3,4]])
In: a
Out:
array([[1, 2],
       [3, 4]])
```

在创建这个多维数组时，我们给array函数传递的对象是一个嵌套的列表。现在来依次选取该数组中的元素。记住，数组的下标是从0开始的。

```
In: a[0,0]
Out: 1
In: a[0,1]
Out: 2
```

```
In: a[1,0]
Out: 3
In: a[1,1]
Out: 4
```

是的，从数组中选取元素就是这么简单。对于数组a，只需要用a[m,n]选取各数组元素，其中m和n为元素下标，对应的位置如下表所示。

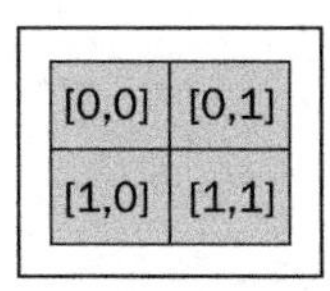

2.2.2 NumPy 数据类型

Python支持的数据类型有整型、浮点型以及复数型，但这些类型不足以满足科学计算的需求，因此NumPy添加了很多其他的数据类型。在实际应用中，我们需要不同精度的数据类型，它们占用的内存空间也是不同的。在NumPy中，大部分数据类型名是以数字结尾的，这个数字表示其在内存中占用的位数。下面的表格（整理自NumPy用户手册）列出了NumPy中支持的数据类型。

类　型	描　述
bool	用一位存储的布尔类型（值为TRUE或FALSE）
inti	由所在平台决定其精度的整数（一般为int32或int64）
int8	整数，范围为–128至127
int16	整数，范围为–32 768至32 767
int32	整数，范围为-2^{31}至$2^{31}-1$
int64	整数，范围为-2^{63}至$2^{63}-1$
uint8	无符号整数，范围为0至255
uint16	无符号整数，范围为0至65 535
uint32	无符号整数，范围为0至$2^{32}-1$
uint64	无符号整数，范围为0至$2^{64}-1$
float16	半精度浮点数（16位）：其中用1位表示正负号，5位表示指数，10位表示尾数
float32	单精度浮点数（32位）：其中用1位表示正负号，8位表示指数，23位表示尾数
float64或float	双精度浮点数（64位）：其中用1位表示正负号，11位表示指数，52位表示尾数
complex64	复数，分别用两个32位浮点数表示实部和虚部
complex128或complex	复数，分别用两个64位浮点数表示实部和虚部

每一种数据类型均有对应的类型转换函数：

```
In: float64(42)
Out: 42.0
In: int8(42.0)
Out: 42
In: bool(42)
Out: True
In: bool(0)
Out: False
In: bool(42.0)
Out: True
In: float(True)
Out: 1.0
In: float(False)
Out: 0.0
```

在NumPy中，许多函数的参数中可以指定数据类型，通常这个参数是可选的：

```
In: arange(7, dtype=uint16)
Out: array([0, 1, 2, 3, 4, 5, 6], dtype=uint16)
```

需要注意的是，复数是不能转换为整数的，这将触发**TypeError**错误：

```
In [1] : int(42.0+1.j)
----------------------------------------------
TypeError
<ipython-input-1-5e824780381a> in <modu
-------> 1 int(42.0.+1.j)
TypeError: can't convert complex to int
```

同样，复数也不能转换为浮点数。不过，浮点数却可以转换为复数，例如complex(1.0)。注意，有j的部分为复数的虚部。

2.2.3 数据类型对象

数据类型对象是numpy.dtype类的实例。如前所述，NumPy数组是有数据类型的，更确切地说，NumPy数组中的每一个元素均为相同的数据类型。数据类型对象可以给出单个数组元素在内存中占用的字节数，即dtype类的itemsize属性：

```
In: a.dtype.itemsize
Out: 8
```

2.2.4 字符编码

NumPy可以使用字符编码来表示数据类型，这是为了兼容NumPy的前身Numeric。我不推荐使用字符编码，但有时会用到，因此下面还是列出了字符编码的对应表。读者应该优先使用dtype对象来表示数据类型，而不是这些字符编码。

数据类型	字符编码
整数	i
无符号整数	u
单精度浮点数	f
双精度浮点数	d
布尔值	b
复数	D
字符串	S
unicode字符串	U
void（空）	V

下面的代码创建了一个单精度浮点数数组：

```
In: arange(7, dtype='f')
Out: array([ 0., 1., 2., 3., 4., 5., 6.], dtype=float32)
```

与此类似，还可以创建一个复数数组：

```
In: arange(7, dtype='D')
Out: array([ 0.+0.j, 1.+0.j, 2.+0.j, 3.+0.j, 4.+0.j, 5.+0.j, 6.+0.j])
```

2.2.5 自定义数据类型

我们有很多种自定义数据类型的方法，以浮点型为例。

- 可以使用Python中的浮点数类型：

```
In: dtype(float)
Out: dtype('float64')
```

- 可以使用字符编码来指定单精度浮点数类型：

```
In: dtype('f')
Out: dtype('float32')
```

- 可以使用字符编码来指定双精度浮点数类型：

```
In: dtype('d')
Out: dtype('float64')
```

- 还可以将两个字符作为参数传给数据类型的构造函数。此时，第一个字符表示数据类型，第二个字符表示该类型在内存中占用的字节数（2、4、8分别代表精度为16、32、64位的浮点数）：

```
In: dtype('f8')
Out: dtype('float64')
```

完整的NumPy数据类型列表可以在sctypeDict.keys()中找到：

```
In: sctypeDict.keys()
Out: [0, ...
 'i2',
 'int0']
```

2.2.6 dtype 类的属性

dtype类有很多有用的属性。例如，我们可以获取数据类型的字符编码：

```
In: t = dtype('Float64')
In: t.char
Out: 'd'
```

type属性对应于数组元素的数据类型：

```
In: t.type
Out: <type 'numpy.float64'>
```

str属性可以给出数据类型的字符串表示，该字符串的首个字符表示字节序（endianness），后面如果还有字符的话，将是一个字符编码，接着一个数字表示每个数组元素存储所需的字节数。这里，字节序是指位长为32或64的字（word）存储的顺序，包括大端序（big-endian）和小端序（little-endian）。大端序是将最高位字节存储在最低的内存地址处，用>表示；与之相反，小端序是将最低位字节存储在最低的内存地址处，用<表示：

```
In: t.str
Out: '<f8'
```

2.3 动手实践：创建自定义数据类型

自定义数据类型是一种异构数据类型，可以当做用来记录电子表格或数据库中一行数据的结构。作为示例，我们将创建一个存储商店库存信息的数据类型。其中，我们用一个长度为40个字符的字符串来记录商品名称，用一个32位的整数来记录商品的库存数量，最后用一个32位的单精度浮点数来记录商品价格。下面是具体的步骤。

(1) 创建数据类型：

```
In: t = dtype([('name', str_, 40), ('numitems', int32), ('price',float32)])
In: t
Out: dtype([('name', '|S40'), ('numitems', '<i4'), ('price', '<f4')])
```

(2) 查看数据类型（也可以查看某一字段的数据类型）：

```
In: t['name']
Out: dtype('|S40')
```

在用array函数创建数组时，如果没有在参数中指定数据类型，将默认为浮点数类型。而现在，我们想要创建自定义数据类型的数组，就必须在参数中指定数据类型，否则将触发TypeError错误：

```
In: itemz = array([('Meaning of life DVD', 42, 3.14), ('Butter', 13, 2.72)], dtype=t)
In: itemz[1]
Out: ('Butter', 13, 2.7200000286102295)
```

刚才做了些什么

我们创建了一种自定义的异构数据类型，该数据类型包括一个用字符串记录的名字、一个用整数记录的数字以及一个用浮点数记录的价格。

2.4 一维数组的索引和切片

一维数组的切片操作与Python列表的切片操作很相似。例如，我们可以用下标3~7来选取元素3~6：

```
In: a = arange(9)
In: a[3:7]
Out: array([3, 4, 5, 6])
```

也可以用下标0~7，以2为步长选取元素：

```
In: a[:7:2]
Out: array([0, 2, 4, 6])
```

和Python中一样，我们也可以利用负数下标翻转数组：

```
In: a[::-1]
Out: array([8, 7, 6, 5, 4, 3, 2, 1, 0])
```

2.5 动手实践：多维数组的切片和索引

ndarray支持在多维数组上的切片操作。为了方便起见，我们可以用一个省略号（...）来表示遍历剩下的维度。

(1) 举例来说，我们先用arange函数创建一个数组并改变其维度，使之变成一个三维数组：

```
In: b = arange(24).reshape(2,3,4)
```

```
In: b.shape
Out: (2, 3, 4)
In: b
Out:
array([[[ 0, 1, 2, 3],
         [ 4, 5, 6, 7],
         [ 8, 9,10,11]],
        [[12, 13, 14, 15],
         [16, 17, 18, 19],
         [20, 21, 22, 23]]])
```

多维数组b中有0~23的整数，共24个元素，是一个2×3×4的三维数组。我们可以形象地把它看做一个两层楼建筑，每层楼有12个房间，并排列成3行4列。或者，我们也可以将其看成是电子表格中工作表（sheet）、行和列的关系。你可能已经猜到，reshape函数的作用是改变数组的“形状”，也就是改变数组的维度，其参数为一个正整数元组，分别指定数组在每个维度上的大小。如果指定的维度和数组的元素数目不相吻合，函数将抛出异常。

(2) 我们可以用三维坐标来选定任意一个房间，即楼层、行号和列号。例如，选定第1层楼、第1行、第1列的房间（也可以说是第0层楼、第0行、第0列，这只是习惯问题），可以这样表示：

```
In: b[0,0,0]
Out: 0
```

(3) 如果我们不关心楼层，也就是说要选取所有楼层的第1行、第1列的房间，那么可以将第1个下标用英文标点的冒号:来代替：

```
In: b[:,0,0]
Out: array([ 0, 12])
This selects the first floor
In: b[0]
Out:
array([[ 0, 1, 2, 3],
       [ 4, 5, 6, 7],
       [ 8, 9,10,11]])
```

我们还可以这样写，选取第1层楼的所有房间：

```
In: b[0, :, :]
Out:
array([[ 0, 1, 2, 3],
       [ 4, 5, 6, 7],
       [ 8, 9,10,11]])
```

多个冒号可以用一个省略号（...）来代替，因此上面的代码等价于：

```
In: b[0, ...]
Out:
array([[ 0, 1, 2, 3],
       [ 4, 5, 6, 7],
       [ 8, 9, 10, 11]])
```

进而可以选取第1层楼、第2排的所有房间：

```
In: b[0,1]
Out: array([4, 5, 6, 7])
```

(4) 再进一步，我们可以在上面的数组切片中间隔地选定元素：

```
In: b[0,1,::2]
Out: array([4, 6])
```

(5) 如果要选取所有楼层的位于第2列的房间，即不指定楼层和行号，用如下代码即可：

```
In: b[...,1]
Out:
array([[ 1, 5, 9],
       [13,17,21]])
```

类似地，我们可以选取所有位于第2行的房间，而不指定楼层和列号：

```
In: b[:,1]
Out:
array([[ 4, 5, 6, 7],
       [16,17,18,19]])
```

如果要选取第1层楼的所有位于第2列的房间，在对应的两个维度上指定即可：

```
In: b[0,:,1]
Out: array([1, 5, 9])
```

(6) 如果要选取第1层楼的最后一列的所有房间，使用如下代码：

```
In: b[0,:,-1]
Out: array([ 3, 7, 11])
```

如果要反向选取第1层楼的最后一列的所有房间，使用如下代码：

```
In: b[0,::-1, -1]
Out: array([11, 7, 3])
```

在该数组切片中间隔地选定元素：

```
In: b[0,::2,-1]
Out: array([ 3, 11])
```

如果在多维数组中执行翻转一维数组的命令，将在最前面的维度上翻转元素的顺序，在我们的例子中将把第1层楼和第2层楼的房间交换：

```
In: b[::-1]
Out:
array([[[12,13,14,15],
        [16,17,18,19],
        [20,21,22,23]],
       [[ 0, 1, 2, 3],
```

```
        [ 4, 5, 6, 7],
        [ 8, 9,10,11]]])
```

刚才做了些什么

我们用各种方法对一个NumPy多维数组进行了切片操作。

2.6　动手实践：改变数组的维度

我们已经学习了怎样使用reshape函数，现在来学习一下怎样将数组展平。

(1) ravel　我们可以用ravel函数完成展平的操作：

```
In: b
Out:
array([[[ 0, 1, 2, 3],
        [ 4, 5, 6, 7],
        [ 8, 9,10,11]],
       [[12,13,14,15],
        [16,17,18,19],
        [20,21,22,23]]])
In: b.ravel()
Out:
array([ 0, 1, 2, 3, 4, 5, 6, 7, 8, 9, 10, 11, 12, 13, 14, 15, 16,
        17, 18, 19, 20, 21, 22, 23])
```

(2) flatten　这个函数恰如其名，flatten就是展平的意思，与ravel函数的功能相同。不过，flatten函数会请求分配内存来保存结果，而ravel函数只是返回数组的一个视图（view）：

```
In: b.flatten()
Out:
array([ 0, 1, 2, 3, 4, 5, 6, 7, 8, 9, 10, 11, 12, 13, 14, 15, 16,
        17, 18, 19, 20, 21, 22, 23])
```

(3) 用元组设置维度　除了可以使用reshape函数，我们也可以直接用一个正整数元组来设置数组的维度，如下所示：

```
In: b.shape = (6,4)
In: b
Out:
array([ 0, 1, 2, 3],
      [ 4, 5, 6, 7],
      [ 8, 9,10,11],
      [12,13,14,15],
      [16,17,18,19],
      [20,21,22,23]],
```

正如你所看到的，这样的做法将直接改变所操作的数组，现在数组b成了一个6×4的多维数组。

(4) transpose 在线性代数中，转置矩阵是很常见的操作。对于多维数组，我们也可以这样做：

```
In: b.transpose()
Out:
array([[ 0, 4, 8, 12, 16, 20],
       [ 1, 5, 9, 13, 17, 21],
       [ 2, 6,10, 14, 18, 22],
       [ 3, 7,11, 15, 19, 23]])
```

(5) resize resize和reshape函数的功能一样，但resize会直接修改所操作的数组：

```
In: b.resize((2,12))
In: b
Out:
array([[ 0, 1, 2, 3, 4, 5, 6, 7, 8, 9, 10, 11],
       [12,13,14,15,16,17,18,19,20,21, 22, 23]])
```

刚才做了些什么

我们用ravel、flatten、reshape和resize函数对NumPy数组的维度进行了修改。

2.7 数组的组合

NumPy数组有水平组合、垂直组合和深度组合等多种组合方式，我们将使用vstack、dstack、hstack、column_stack、row_stack以及concatenate函数来完成数组的组合。

2.8 动手实践：组合数组

首先，我们来创建一些数组：

```
In: a = arange(9).reshape(3,3)
In: a
Out:
array([[0, 1, 2],
       [3, 4, 5],
       [6, 7, 8]])
In: b = 2 * a
In: b
Out:
array([[ 0, 2, 4],
       [ 6, 8, 10],
       [12, 14,16]])
```

(1) 水平组合　我们先从水平组合开始练习。将ndarray对象构成的元组作为参数，传给hstack函数。如下所示：

```
In: hstack((a, b))
Out:
array([[ 0, 1, 2, 0, 2, 4],
       [ 3, 4, 5, 6, 8,10],
       [ 6, 7, 8,12,14,16]])
```

我们也可以用concatenate函数来实现同样的效果，如下所示：

```
In: concatenate((a, b), axis=1)
Out:
array([[ 0, 1, 2, 0, 2, 4],
       [ 3, 4, 5, 6, 8,10],
       [ 6, 7, 8,12,14,16]])
```

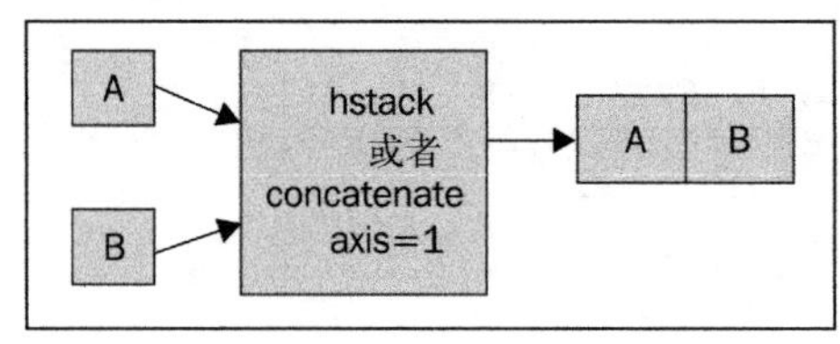

(2) 垂直组合　垂直组合同样需要构造一个元组作为参数，只不过这次的函数变成了vstack。如下所示：

```
In: vstack((a, b))
Out:
array([[ 0, 1, 2],
       [ 3, 4, 5],
       [ 6, 7, 8],
       [ 0, 2, 4],
       [ 6, 8,10],
       [12,14,16]])
```

同样，我们将concatenate函数的axis参数设置为0即可实现同样的效果。这也是axis参数的默认值：

```
In: concatenate((a, b), axis = 0)
Out:
array([[ 0, 1, 2],
       [ 3, 4, 5],
       [ 6, 7, 8],
       [ 0, 2, 4],
       [ 6, 8,10],
       [12,14,16]])
```

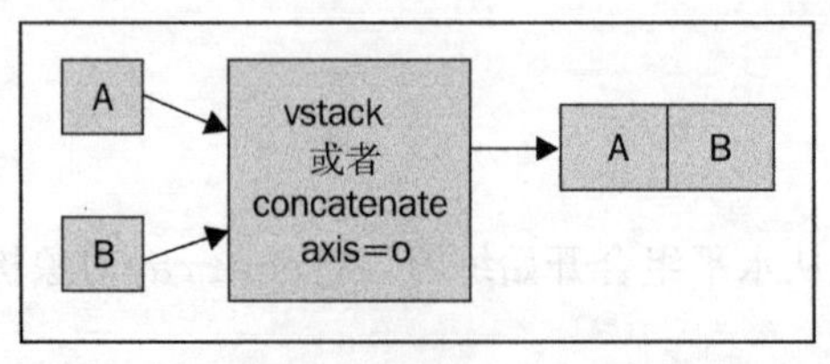

(3) 深度组合　将相同的元组作为参数传给dstack函数，即可完成数组的深度组合。所谓

深度组合，就是将一系列数组沿着纵轴（深度）方向进行层叠组合。举个例子，有若干张二维平面内的图像点阵数据，我们可以将这些图像数据沿纵轴方向层叠在一起，这就形象地解释了什么是深度组合。

```
In: dstack((a, b))
Out:
array([[[0, 0],
        [1, 2],
        [2, 4]],
       [[3, 6],
        [4, 8],
        [5,10]],
       [[6,12],
        [7,14],
        [8,16]]])
```

(4) 列组合　column_stack函数对于一维数组将按列方向进行组合，如下所示：

```
In: oned = arange(2)
In: oned
Out: array([0, 1])
In: twice_oned = 2 * oned
In: twice_oned
Out: array([0, 2])
In: column_stack((oned, twice_oned))
Out:
array([[0, 0],
       [1, 2]])
```

而对于二维数组，column_stack与hstack的效果是相同的：

```
In: column_stack((a, b))
Out:
array([[ 0, 1, 2, 0, 2, 4],
       [ 3, 4, 5, 6, 8,10],
       [ 6, 7, 8,12,14,16]])
In: column_stack((a, b)) == hstack((a, b))
Out:
array([[ True, True, True, True, True, True],
       [ True, True, True, True, True, True],
       [ True, True, True, True, True, True]], dtype=bool)
```

是的，你猜对了！我们可以用==运算符来比较两个NumPy数组，是不是很简洁？

(5) 行组合　当然，NumPy中也有按行方向进行组合的函数，它就是row_stack。对于两个一维数组，将直接层叠起来组合成一个二维数组。

```
In: row_stack((oned, twice_oned))
Out:
array([[0, 1],
       [0, 2]])
```

对于二维数组，row_stack与vstack的效果是相同的：

```
In: row_stack((a, b))
Out:
array([[ 0,  1,  2],
       [ 3,  4,  5],
       [ 6,  7,  8],
       [ 0,  2,  4],
       [ 6,  8,10],
       [12,14,16]])
In: row_stack((a,b)) == vstack((a, b))
Out:
array([[ True,    True,    True],
       [ True,    True,    True],
       [ True,    True,    True],
       [ True,    True,    True],
       [ True,    True,    True],
       [ True,    True,    True]], dtype=bool)
```

刚才做了些什么

我们按照水平、垂直和深度等方式进行了组合数组的操作。我们使用了vstack、dstack、hstack、column_stack、row_stack以及concatenate函数。

2.9　数组的分割

NumPy数组可以进行水平、垂直或深度分割，相关的函数有hsplit、vsplit、dsplit和split。我们可以将数组分割成相同大小的子数组，也可以指定原数组中需要分割的位置。

2.10　动手实践：分割数组

(1) 水平分割　下面的代码将把数组沿着水平方向分割为3个相同大小的子数组：

```
In: a
Out:
array([[0, 1, 2],
       [3, 4, 5],
       [6, 7, 8]])
In: hsplit(a, 3)
Out:
[array([[0],
        [3],
        [6]]),
array ([[1],
        [4],
        [7]]),
array ([[2],
        [5],
        [8]])]
```

对同样的数组，调用split函数并在参数中指定参数axis=1，对比一下结果：

```
In: split(a, 3, axis=1)
Out:
[array([[0],
        [3],
        [6]]),
array ([[1],
        [4],
        [7]]),
array ([[2],
        [5],
        [8]])]
```

(2) 垂直分割 vsplit函数将把数组沿着垂直方向分割：

```
In: vsplit(a, 3)
Out: [array([[0, 1, 2]]), array([[3, 4, 5]]), array([[6, 7, 8]])]
```

同样，调用split函数并在参数中指定参数axis=0，也可以得到同样的结果：

```
In: split(a, 3, axis=0)
Out: [array([[0, 1, 2]]), array([[3, 4, 5]]), array([[6, 7, 8]])]
```

(3) 深度分割 不出所料，dsplit函数将按深度方向分割数组。我们先创建一个三维数组：

```
In: c = arange(27).reshape(3, 3, 3)
In: c
Out:
array([[[ 0, 1, 2],
        [ 3, 4, 5],
        [ 6, 7, 8]],
       [[ 9,10,11],
        [12,13,14],
        [15,16,17]],
       [[18,19,20],
        [21,22,23],
        [24,25,26]]])
In: dsplit(c, 3)
Out:
[array([[[ 0],
         [ 3],
         [ 6]],
          [[ 9],
         [12],
         [15]],
        [[18],
         [21],
         [24]]]),
array([[[ 1],
        [ 4],
        [ 7]],
       [[10],
```

```
         [13],
         [16]],
        [[19],
         [22],
         [25]]]),
array([[[ 2],
         [ 5],
         [ 8]],
        [[11],
         [14],
         [17]],
        [[20],
         [23],
         [26]]])]
```

刚才做了些什么

我们用hsplit、vsplit、dsplit和split函数进行了分割数组的操作。

2.11　数组的属性

除了shape和dtype属性以外，ndarray对象还有很多其他的属性，在下面一一列出。

- ndim属性，给出数组的维数，或数组轴的个数：

```
In: b
Out:
array([[0, 1, 2, 3, 4, 5, 6, 7, 8, 9, 10,11],
       [12,13,14,15,16,17,18,19,20,21,22,23]])
In: b.ndim
Out: 2
```

- size属性，给出数组元素的总个数，如下所示：

```
In: b.size
Out: 24
```

- itemsize属性，给出数组中的元素在内存中所占的字节数：

```
In: b.itemsize
Out: 8
```

- 如果你想知道整个数组所占的存储空间，可以用nbytes属性来查看。这个属性的值其实就是itemsize和size属性值的乘积：

```
In: b.nbytes
Out: 192
In: b.size * b.itemsize
Out: 192
```

- T属性的效果和transpose函数一样，如下所示：

```
In: b.resize(6,4)
In: b
Out:
array([[ 0, 1, 2, 3],
       [ 4, 5, 6, 7],
       [ 8, 9,10,11],
       [12,13,14,15],
       [16,17,18,19],
       [20,21,22,23]])
In: b.T
Out:
array([[ 0, 4, 8, 12,16, 20],
       [ 1, 5, 9, 13,17, 21],
       [ 2, 6,10, 14,18, 22],
       [ 3, 7,11, 15,19, 23]])
```

- 对于一维数组，其T属性就是原数组：

```
In: b.ndim
Out: 1
In: b.T
Out: array([0, 1, 2, 3, 4])
```

- 在NumPy中，复数的虚部是用j表示的。例如，我们可以创建一个由复数构成的数组：

```
In: b = array([1.j + 1, 2.j + 3])
In: b
Out: array([ 1.+1.j, 3.+2.j])
```

- real属性，给出复数数组的实部。如果数组中只包含实数元素，则其real属性将输出原数组：

```
In: b.real
Out: array([ 1., 3.])
```

- imag属性，给出复数数组的虚部：

```
In: b.imag
Out: array([ 1., 2.])
```

- 如果数组中包含复数元素，则其数据类型自动变为复数型：

```
In: b.dtype
Out: dtype('complex128')
In: b.dtype.str
Out: '<c16'
```

- flat属性将返回一个numpy.flatiter对象，这是获得flatiter对象的唯一方式——我们无法访问flatiter的构造函数。这个所谓的“扁平迭代器”可以让我们像遍历一维数组一样去遍历任意的多维数组，如下所示：

```
In: b = arange(4).reshape(2,2)
In: b
Out:
array([[0, 1],
       [2, 3]])
In: f = b.flat
In: f
Out: <numpy.flatiter object at 0x103013e00>
In: for item in f: print item
    .....:
0
1
2
3
```

我们还可以用flatiter对象直接获取一个数组元素：

```
In: b.flat[2]
Out: 2
```

或者获取多个元素：

```
In: b.flat[[1,3]]
Out: array([1, 3])
```

flat属性是一个可赋值的属性。对flat属性赋值将导致整个数组的元素都被覆盖：

```
In: b.flat = 7
In: b
Out:
array([[7, 7],
       [7, 7]])
or selected elements
In: b.flat[[1,3]] = 1
In: b
Out:
array([[7, 1],
       [7, 1]])
```

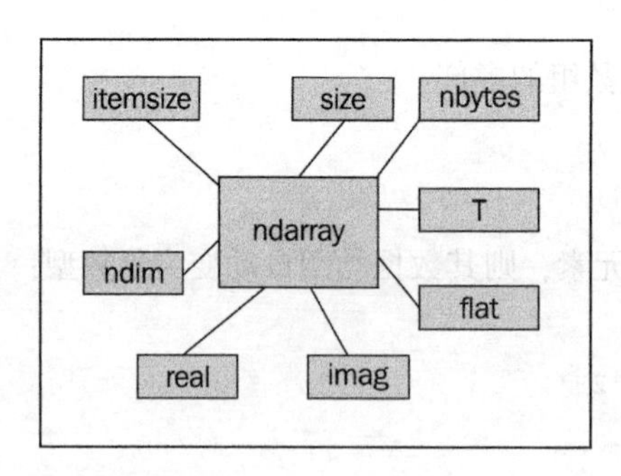

2.12　动手实践：数组的转换

我们可以使用tolist函数将NumPy数组转换成Python列表。

(1) 转换成列表：

```
In: b
Out: array([ 1.+1.j, 3.+2.j])
In: b.tolist()
Out: [(1+1j), (3+2j)]
```

(2) astype函数可以在转换数组时指定数据类型：

```
In: b
Out: array([ 1.+1.j, 3.+2.j])
In: b.astype(int)
/usr/local/bin/ipython:1: ComplexWarning: Casting complex values to real discards the
imaginary part
  #!/usr/bin/python
Out: array([1, 3])
```

在上面将复数转换为整数的过程中，我们丢失了复数的虚部。astype函数也可以接受数据类型为字符串的参数。

```
In: b.astype('complex')
Out: array([ 1.+1.j,  3.+2.j])
```

这一次我们使用了正确的数据类型，因此不会再显示任何警告信息。

刚才做了些什么

我们将NumPy数组转换成了不同数据类型的Python列表。

2.13 本章小结

在本章中，我们学习了很多NumPy的基础知识：数据类型和NumPy数组。对于数组而言，有很多属性可以用来描述数组，数据类型就是其中之一。在NumPy中，数组的数据类型是用对象来完善表示的。

类似于Python列表，NumPy数组也可以方便地进行切片和索引操作。在多维数组上，NumPy有明显的优势。

涉及改变数组维度的操作有很多种——组合、调整、设置维度和分割等。在这一章中，对很多改变数组维度的实用函数进行了说明。这样的处理。

在学习完基础知识后，我们将进入到第3章来学习NumPy中的常用函数，包括基本数学函数和统计函数等。

第3章 常用函数

在本章中，我们将学习NumPy的常用函数。具体来说，我们将以分析历史股价为例，介绍怎样从文件中载入数据，以及怎样使用NumPy的基本数学和统计分析函数。这里还将学习读写文件的方法，并尝试函数式编程和NumPy线性代数运算。

本章涵盖以下内容：

- 数组相关的函数；
- 从文件中载入数据；
- 将数组写入文件；
- 简单的数学和统计分析函数。

3.1 文件读写

首先，我们来学习使用NumPy读写文件。通常情况下，数据是以文件形式存储的。学会读写文件是深入学习NumPy的基础。

3.2 动手实践：读写文件

作为文件读写示例，我们创建一个单位矩阵并将其存储到文件中，并按照如下步骤完成。

(1) 单位矩阵，即主对角线上的元素均为1，其余元素均为0的正方形矩阵。在NumPy中可以用eye函数创建一个这样的二维数组，我们只需要给定一个参数，用于指定矩阵中1的元素个数。例如，创建2×2的数组：

```
i2 = np.eye(2)
print i2
```

```
The output is:
[[ 1. 0.]
[ 0. 1.]]
```

(2) 使用savetxt函数将数据存储到文件中，当然我们需要指定文件名以及要保存的数组。

```
np.savetxt("eye.txt", i2)
```

上面的代码会创建一个eye.txt文件，你可以检查文件内容和设想的是否一致。这个示例的代码（save.py）可以从本书的售后支持站点下载：http://www.packtpub.com/support。


```
import numpy as np

i2 = np.eye(2)
print i2
np.savetxt("eye.txt", i2)
```

刚才做了些什么

读写文件是数据分析的一项基本技能。我们用savetxt函数进行了写文件的操作。在此之前，我们还用eye函数创建了一个单位矩阵。

3.3 CSV 文件

CSV（Comma-Separated Value，逗号分隔值）格式是一种常见的文件格式。通常，数据库的转存文件就是CSV格式的，文件中的各个字段对应于数据库表中的列。众所周知，电子表格软件（如Microsoft Excel）可以处理CSV文件。

3.4 动手实践：读入 CSV 文件

我们应该如何处理CSV文件呢？幸运的是，NumPy中的loadtxt函数可以方便地读取CSV文件，自动切分字段，并将数据载入NumPy数组。下面，我们以载入苹果公司的历史股价数据为例展开叙述。股价数据存储在CSV文件中，第一列为股票代码以标识股票（苹果公司股票代码为AAPL），第二列为*dd-mm-yyyy*格式的日期，第三列为空，随后各列依次是开盘价、最高价、最低价和收盘价，最后一列为当日的成交量。下面为一行数据：

```
AAPL,28-01-2011, ,344.17,344.4,333.53,336.1,21144800
```

从现在开始，我们只关注股票的收盘价和成交量。在上面的示例数据中，收盘价为336.1，成交量为21144800。我们将收盘价和成交量分别载入到两个数组中，如下所示：

```
c,v=np.loadtxt('data.csv', delimiter=',', usecols=(6,7), unpack=True)
```

可以看到，数据存储在data.csv文件中，我们设置分隔符为,（英文标点逗号），因为我们要处理一个CSV文件。usecols的参数为一个元组，以获取第7字段和第8字段的数据，也就是股票的收盘价和成交量数据。unpack参数设置为True，意思是分拆存储不同列的数据，即分别将收盘价和成交量的数组赋值给变量c和v。

刚才做了些什么

CSV文件是一种经常用于数据处理的文件格式。我们用loadtxt函数读取了一个包含股价数据的CSV文件，用delimiter参数指定了文件中的分隔符为英文逗号，用usecols中的参数指定了我们感兴趣的数据列，并将unpack参数设置为True使得不同列的数据分开存储，以便随后使用。

3.5　成交量加权平均价格（VWAP）

VWAP（Volume-Weighted Average Price，成交量加权平均价格）是一个非常重要的经济学量，它代表着金融资产的"平均"价格。某个价格的成交量越高，该价格所占的权重就越大。VWAP就是以成交量为权重计算出来的加权平均值，常用于算法交易。

3.6　动手实践：计算成交量加权平均价格

我们将按如下步骤计算。

(1) 将数据读入数组。

(2) 计算VWAP。

```
import numpy as np
c,v=np.loadtxt('data.csv', delimiter=',', usecols=(6,7), unpack=True)
vwap = np.average(c, weights=v)
print "VWAP =", vwap
The output is
VWAP = 350.589549353
```

刚才做了些什么

这很容易，不是吗？我们仅仅调用了average函数，并将v作为权重参数使用，就完成了VWAP的计算。此外，NumPy中也有计算算术平均值的函数。

3.6.1　算术平均值函数

NumPy中的mean函数很友好，一点儿也不mean（该词有"尖酸刻薄"的意思）。这个函数可以计算数组元素的算术平均值。具体用法如下：

```
print "mean =", np.mean(c)
mean = 351.037666667
```

3.6.2 时间加权平均价格

在经济学中，TWAP（Time-Weighted Average Price，时间加权平均价格）是另一种“平均”价格的指标。既然我们已经计算了VWAP，那也来计算一下TWAP吧。其实TWAP只是一个变种而已，基本的思想就是最近的价格重要性大一些，所以我们应该对近期的价格给以较高的权重。最简单的方法就是用arange函数创建一个从0开始依次增长的自然数序列，自然数的个数即为收盘价的个数。当然，这并不一定是正确的计算TWAP的方式。事实上，本书中关于股价分析的大部分示例都仅仅是为了说明问题。计算TWAP的代码如下。

```
t = np.arange(len(c))
print "twap =", np.average(c, weights=t)
```

程序将输出如下结果：

```
twap = 352.428321839
```

在这个例子中，TWAP的值甚至比算术平均值还要高。

突击测验：计算加权平均值

问题1 以下哪个函数可以返回数组元素的加权平均值？

(1) weighted average

(2) waverage

(3) average

(4) avg

勇敢出发：计算其他数据的平均值

请尝试对开盘价做相同的计算，并计算成交量和其他各种价格的算术平均值。

3.7 取值范围

通常，我们不仅仅想知道一组数据的平均值，还希望知道数据的极值以及完整的取值范围——最大值和最小值。我们的股价示例数据中已经包含了每天的股价范围——最高价和最低价。但是，我们还需要知道最高价的最大值以及最低价的最小值。不然，我们怎样才能知道自己的股票是赚了还是赔了呢？

3.8 动手实践：找到最大值和最小值

min函数和max函数能够满足需求。我们按如下步骤来找最大值和最小值。

(1) 首先，需要再次读入数据，将每日最高价和最低价的数据载入数组：

```
h,l=np.loadtxt('data.csv',delimiter=',', usecols=(4,5), unpack=True)
```

唯一需要修改的就是usecols中的参数，因为最高价和最低价与之前的数据在不同的列中。

(2) 下方的代码即可获取价格区间：

```
print "highest =", np.max(h)
print "lowest =", np.min(l)
```

程序将返回如下结果：

```
highest = 364.9
lowest = 333.53
```

现在，计算区间中点就很容易了，留给读者自己尝试练习。

(3) NumPy中有一个ptp函数可以计算数组的取值范围。该函数返回的是数组元素的最大值和最小值之间的差值。也就是说，返回值等于*max(array) - min(array)*。调用ptp函数：

```
print "Spread high price", np.ptp(h)
print "Spread low price", np.ptp(l)
```

我们将看到如下结果：

```
Spread high price 24.86
Spread low price 26.97
```

刚才做了些什么

我们定义了股价的最大值和最小值的取值范围。最大值是在每日最高价数据上使用max函数得到的，而最低价是在每日最低价数据上使用min函数得到的。我们还用ptp函数计算了极差，即最大值和最小值之间的差值。

```
import numpy as np

h,l=np.loadtxt('data.csv', delimiter=',', usecols=(4,5), unpack=True)
print "highest =", np.max(h)
print "lowest =", np.min(l)
print (np.max(h) + np.min(l)) /2

print "Spread high price", np.ptp(h)
print "Spread low price", np.ptp(l)
```

3.9 统计分析

股票交易者对于收盘价的预测很感兴趣。常识告诉我们，这个价格应该接近于某种均值。算数平均值和加权平均值都是在数值分布中寻找中心点的方法。然而，它们对于异常值（outlier）既不鲁棒也不敏感。举例来说，如果我们有一个高达100万美元的收盘价，这将影响到我们的计算结果。

3.10 动手实践：简单统计分析

我们可以用一些阈值来除去异常值，但其实有更好的方法，那就是中位数。将各个变量值按大小顺序排列起来，形成一个数列，居于数列中间位置的那个数即为中位数。例如，我们有1、2、3、4、5这5个数值，那么中位数就是中间的数字3。下面是计算中位数的步骤。

(1) 计算收盘价的中位数。创建一个新的Python脚本文件，命名为simplestats.py。你已经知道如何从CSV文件中读取数据到数组中了，因此只需要复制一行代码并确保只获取收盘价数据即可，如下所示：

```
c=np.loadtxt('data.csv', delimiter=',', usecols=(6,), unpack=True)
```

(2) 一个叫做median的函数将帮助我们找到中位数。我们调用它并立即打印出结果。添加下面这行代码：

```
print "median =", np.median(c)
```

这段代码的输出内容如下：

```
median = 352.055
```

(3) 既然这是我们首次使用median函数，我们来检查一下结果是否正确。这可不是因为我们多疑！当然，我们可以将整个数据文件浏览一遍并人工找到正确的答案，但那样太无趣了。我们将对价格数组进行排序，并输出排序后居于中间位置的值，这也就是模拟了寻找中位数的算法。msort函数可以帮我们完成第一步。我们将调用这个函数，获得排序后的数组，并输出结果。

```
sorted_close = np.msort(c)
print "sorted =", sorted_close
```

这段代码的输出内容如下：

```
sorted = [ 336.1    338.61  339.32  342.62  342.88  343.44  344.32  345.03  346.5
  346.67  348.16  349.31  350.56  351.88  351.99  352.12  352.47  353.21
  354.54  355.2   355.36  355.76  356.85  358.16  358.3   359.18  359.56
  359.9   360.    363.13]
```

太好了，代码生效了！现在，我们来获取位于中间的那个数字：

```
N = len(c)
print "middle =", sorted_close[(N - 1)/2]
```

输出如下：

```
middle = 351.99
```

(4) 咦，这个值和median函数给出的值不一样，这是怎么回事？经过仔细观察我们发现，median函数返回的结果甚至根本没有在我们的数据文件里出现过。这就更奇怪了！在给NumPy团队提交bug报告之前，我们先来看下文档。原来这个谜团很容易解开。原因就在于我们的简单算法模拟只对长度为奇数的数组奏效。对于长度为偶数的数组，中位数的值应该等于中间那两个数的平均值。因此，输入如下代码：

```
print "average middle =", (sorted_close[N /2] + sorted[(N - 1) / 2]) / 2
```

输出结果如下：

```
average middle = 352.055
```

成功了！

(5) 另外一个我们关心的统计量就是方差。方差能够体现变量变化的程度。在我们的例子中，方差还可以告诉我们投资风险的大小。那些股价变动过于剧烈的股票一定会给持有者制造麻烦。在NumPy中，计算方差只需要一行代码，看下面：

```
print "variance =", np.var(c)
```

将给出如下结果：

```
variance = 50.1265178889
```

(6) 既然我们不相信NumPy的函数，那就再次根据文档中方差的定义来复核一下结果。注意，这里方差的定义可能与你在统计学的书中看到的不一致，但这个定义在统计学上更为通用。

方差是指各个数据与所有数据算术平均数的离差平方和除以数据个数所得到的值。

一些书里面告诉我们，应该用数据个数减1去除离差平方和[①]。

```
print "variance from definition =", np.mean((c - c.mean())**2)
```

① 注意样本方差和总体方差在计算上的区别。总体方差是用数据个数去除离差平方和，而样本方差则是用样本数据个数减1去除离差平方和，其中样本数据个数减1（即$n-1$）称为自由度。之所以有这样的差别，是为了保证样本方差是一个无偏估计量。——译者注

输出结果如下：

```
variance from definition = 50.1265178889
```

这正是我们希望得到的结果！

刚才做了些什么

你可能已经注意到了一些新东西。我们直接在数组c上调用了mean方法c.mean()，是的，没有写错。ndarray对象有mean方法，这将给你带来便利。从现在开始，记住这种用法是正确无误的。示例代码可以在simplestats.py中找到。

3

```
import numpy as np

c=np.loadtxt('data.csv', delimiter=',', usecols=(6,), unpack=True)
print "median =", np.median(c)
sorted = np.msort(c)
print "sorted =", sorted

N = len(c)
print "middle =", sorted_close[(N - 1)/2]
print "average middle =", (sorted_close[N /2] + sorted[(N - 1) / 2]) / 2

print "variance =", np.var(c)
print "variance from definition =", np.mean((c - c.mean())**2)
```

3.11 股票收益率

在学术文献中，收盘价的分析常常是基于股票收益率和对数收益率的。简单收益率是指相邻两个价格之间的变化率，而对数收益率是指所有价格取对数后两两之间的差值。我们在高中学习过对数的知识，“a”的对数减去“b”的对数就等于“a除以b”的对数。因此，对数收益率也可以用来衡量价格的变化率。注意，由于收益率是一个比值，例如我们用美元除以美元（也可以是其他货币单位），因此它是无量纲的。总之，投资者最感兴趣的是收益率的方差或标准差，因为这代表着投资风险的大小。

3.12 动手实践：分析股票收益率

按照如下步骤分析股票收益率。

(1) 首先，我们来计算简单收益率。NumPy中的diff函数可以返回一个由相邻数组元素的差值构成的数组。这有点类似于微积分中的微分。为了计算收益率，我们还需要用差值除以前一天的价格。不过这里要注意，diff返回的数组比收盘价数组少一个元素。经过仔细考虑，我们使用如下代码：

```
returns = np.diff( c ) / c[ : -1]
```

注意，我们没有用收盘价数组中的最后一个值做除数。接下来，用std函数计算标准差：

```
print "Standard deviation =", np.std(returns)
```

输出结果如下：

```
Standard deviation = 0.0129221344368
```

(2) 对数收益率计算起来甚至更简单一些。我们先用log函数得到每一个收盘价的对数，再对结果使用diff函数即可。

```
logreturns = np.diff( np.log(c) )
```

一般情况下，我们应检查输入数组以确保其不含有零和负数。否则，将得到一个错误提示。不过在我们的例子中，股价总为正值，所以可以将检查省略掉。

(3) 我们很可能对哪些交易日的收益率为正值非常感兴趣。在完成了前面的步骤之后，我们只需要用where函数就可以做到这一点。where函数可以根据指定的条件返回所有满足条件的数组元素的索引值。输入如下代码：

```
posretindices = np.where(returns > 0)
print "Indices with positive returns", posretindices
```

即可输出该数组中所有正值元素的索引。

```
Indices with positive returns (array([ 0, 1, 4, 5, 6, 7, 9, 10, 11, 12, 16, 17, 18,
19, 21, 22, 23, 25, 28]),)
```

(4) 在投资学中，波动率（volatility）是对价格变动的一种度量。历史波动率可以根据历史价格数据计算得出。计算历史波动率（如年波动率或月波动率）时，需要用到对数收益率。年波动率等于对数收益率的标准差除以其均值，再除以交易日倒数的平方根，通常交易日取252天。我们用std和mean函数来计算，代码如下所示：

```
annual_volatility = np.std(logreturns)/np.mean(logreturns)
annual_volatility = annual_volatility / np.sqrt(1./252.)
print annual_volatility
```

(5) 请注意sqrt函数中的除法运算。在Python中，整数的除法和浮点数的除法运算机制不同，我们必须使用浮点数才能得到正确的结果。与计算年波动率的方法类似，计算月波动率如下：

```
print "Monthly volatility", annual_volatility * np.sqrt(1./12.)
```

刚才做了些什么

我们用计算数组相邻元素差值的diff函数计算了简单收益率，用计算数组元素自然对数的log函数计算了对数收益率。最后，我们计算了年波动率和月波动率。示例代码见return.py文件。

```
import numpy as np

c=np.loadtxt('data.csv', delimiter=',', usecols=(6,), unpack=True)

returns = np.diff( c ) / c[ : -1]
print "Standard deviation =", np.std(returns)

logreturns = np.diff( np.log(c) )

posretindices = np.where(returns > 0)
print "Indices with positive returns", posretindices

annual_volatility = np.std(logreturns)/np.mean(logreturns)
annual_volatility = annual_volatility / np.sqrt(1./252.)
print "Annual volatility", annual_volatility

print "Monthly volatility", annual_volatility * np.sqrt(1./12.)
```


3.13 日期分析

你是否有时候会有星期一焦虑症和星期五狂躁症？想知道股票市场是否受上述现象的影响？我认为这值得深入研究。

3.14 动手实践：分析日期数据

首先，我们要读入收盘价数据。随后，根据星期几来切分收盘价数据，并分别计算平均价格。最后，我们将找出一周中哪一天的平均收盘价最高，哪一天的最低。在我们动手之前，有一个善意的提醒：你可能希望利用分析结果在某一天买股票或卖股票，然而我们这里的数据量不足以做出可靠的决策，请先咨询专业的统计分析师再做决定！

程序员不喜欢日期，因为处理日期总是很烦琐。NumPy是面向浮点数运算的，因此需要对日期做一些专门的处理。请自行尝试如下代码，单独编写脚本文件或使用本书附带的代码文件：

```
dates, close=np.loadtxt('data.csv', delimiter=',', usecols=(1,6), unpack=True)
```

执行以上代码后会得到一个错误提示：

```
ValueError: invalid literal for float(): 28-01-2011
```

按如下步骤处理日期。

(1) 显然，NumPy尝试把日期转换成浮点数。我们需要做的是显式地告诉NumPy怎样来转换日期，而这需要用到`loadtxt`函数中的一个特定的参数。这个参数就是`converters`，它是一本数据列和转换函数之间进行映射的字典。

为此，我们必须写出转换函数：

```
#   星期一 0
#   星期二 1
#   星期三 2
#   星期四 3
#   星期五 4
#   星期六 5
#   星期日 6
def datestr2num(s):
    return datetime.datetime.strptime
    (s, "%d-%m-%Y").date().weekday()
```

我们将日期作为字符串传给datestr2num函数，如“28-01-2011”。这个字符串首先会按照指定的形式"%d-%m-%Y"转换成一个datetime对象。补充一点，这是由Python标准库提供的功能，与NumPy无关。随后，datetime对象被转换为date对象。最后，调用weekday方法返回一个数字。如同你在注释中看到的，这个数字可以是0到6的整数，0代表星期一，6代表星期天。当然，具体的数字并不重要，只是用作标识。

(2) 接下来，我们将日期转换函数挂接上去，这样就可以读入数据了。

```
dates, close=np.loadtxt('data.csv', delimiter=',', usecols=(1,6), converters={1:
datestr2num}, unpack=True)
print "Dates =", dates
```

输出结果如下：

```
Dates = [ 4. 0. 1. 2. 3. 4. 0. 1. 2. 3. 4. 0. 1. 2. 3. 4. 1. 2. 4. 0. 1. 2. 3. 4. 0.
1. 2. 3. 4.]
```

如你所见，没有出现星期六和星期天。股票交易在周末是休市的。

(3) 我们来创建一个包含5个元素的数组，分别代表一周的5个工作日。数组元素将初始化为0。

```
averages = np.zeros(5)
```

这个数组将用于保存各工作日的平均收盘价。

(4) 我们已经知道，where函数会根据指定的条件返回所有满足条件的数组元素的索引值。take函数可以按照这些索引值从数组中取出相应的元素。我们将用take函数来获取各个工作日的收盘价。在下面的循环体中，我们将遍历0到4的日期标识，或者说是遍历星期一到星期五，然后用where函数得到各工作日的索引值并存储在indices数组中。在用take函数获取这些索引值相应的元素值。最后，我们对每个工作日计算出平均值存放在averages数组中。代码如下：

```
for i in range(5):
    indices = np.where(dates == i)
    prices = np.take(close, indices)
    avg = np.mean(prices)
    print "Day", i, "prices", prices, "Average", avg
    averages[i] = avg
```

输出结果如下：

```
Day 0 prices [[ 339.32 351.88 359.18 353.21 355.36]] Average 351.79
Day 1 prices [[ 345.03 355.2 359.9 338.61 349.31 355.76]] Average 350.635
Day 2 prices [[ 344.32 358.16 363.13 342.62 352.12 352.47]] Average 352.136666667
Day 3 prices [[ 343.44 354.54 358.3 342.88 359.56 346.67]] Average 350.898333333
Day 4 prices [[ 336.1 346.5 356.85 350.56 348.16 360. 351.99]] Average 350.022857143
```

(5) 如果你愿意，还可以找出哪个工作日的平均收盘价是最高的，哪个是最低的。这很容易做到，用max和min函数即可，代码如下：

```
top = np.max(averages)
print "Highest average", top
print "Top day of the week", np.argmax(averages)
bottom = np.min(averages)
print "Lowest average", bottom
print "Bottom day of the week", np.argmin(averages)
```

输出结果如下：

```
Highest average 352.136666667
Top day of the week 2
Lowest average 350.022857143
Bottom day of the week 4
```

刚才做了些什么

argmin函数返回的是averages数组中最小元素的索引值，这里是4，也就是星期五。而argmax函数返回的是averages数组中最大元素的索引值，这里是2，也就是星期三。示例代码见weekdays.py文件。

```
import numpy as np
from datetime import datetime

#  星期一 0
#  星期二 1
#  星期三 2
#  星期四 3
#  星期五 4
#  星期六 5
#  星期日 6
def datestr2num(s):
    return datetime.strptime(s, "%d-%m-%Y").date().weekday()

dates, close=np.loadtxt('data.csv', delimiter=',', usecols=(1,6), converters={1:
datestr2num}, unpack=True)
print "Dates =", dates

averages = np.zeros(5)

for i in range(5):
```

```
        indices = np.where(dates == i)
        prices = np.take(close, indices)
        avg = np.mean(prices)
        print "Day", i, "prices", prices, "Average", avg
        averages[i] = avg


    top = np.max(averages)
    print "Highest average", top
    print "Top day of the week", np.argmax(averages)

    bottom = np.min(averages)
    print "Lowest average", bottom
    print "Bottom day of the week", np.argmin(averages)
```

勇敢出发：计算VWAP和TWAP

这一节的内容很有趣！在示例数据中，你的苹果股票在星期五是最便宜的一天而星期三是最值钱的一天。先不管我们的数据量有多小，思考一下是否有更合理的计算平均值的方式？我们是不是应该考虑成交量呢？如果计算时间加权的平均值是不是更有意义呢？快尝试一下吧！请计算VWAP和TWAP，你可以在本章的开头部分找到一些相关的提示。

3.15　周汇总

在之前的“动手实践”教程中，我们用的是盘后数据。也就是说，这些数据是将一整天的交易数据汇总得到的。如果你对棉花市场感兴趣，并且有数十年的数据，你可能希望对数据做进一步的汇总和压缩。开始动手吧。我们来把苹果股票数据按周进行汇总。

3.16　动手实践：汇总数据

我们将要汇总整个交易周中从周一到周五的所有数据。数据覆盖的时间段内有一个节假日：2月21日是总统纪念日。这天是星期一，美国股市休市，因此在我们的示例数据中没有这一天的数据记录。数据中的第一天为星期五，处理起来不太方便。按照如下步骤来汇总数据。

(1) 为了简单起见，我们只考虑前三周的数据，这样就避免了节假日造成的数据缺失。你可以稍后尝试对其进行拓展。

```
close = close[:16]
dates = dates[:16]
```

代码基于3.14节的教程。

(2) 首先我们来找到示例数据中的第一个星期一。回忆一下，在Python中星期一对应的编码是0，这可以作为where函数的条件。接着，我们要取出数组中的首个元素，其索引值为0。但where

函数返回的结果是一个多维数组，因此要用ravel函数将其展平。

```
# 找到第一个星期一
first_monday = np.ravel(np.where(dates == 0))[0]
print "The first Monday index is", first_monday
```

输出结果如下：

```
The first Monday index is 1
```

(3) 下面要做的是找到示例数据的最后一个星期五，方法和找第一个星期一类似。星期五相对应的编码是4。此外，我们用–1作为索引值来定位数组的最后一个元素。


```
#  找到最后一个星期五
last_friday = np.ravel(np.where(dates == 4))[-1]
print "The last Friday index is", last_friday
```

输出结果如下：

```
The last Friday index is 15
```

接下来创建一个数组，用于存储三周内每一天的索引值。

```
weeks_indices = np.arange(first_monday, last_friday + 1)
print "Weeks indices initial", weeks_indices
```

(4) 按照每个子数组5个元素，用split函数切分数组：

```
weeks_indices = np.split(weeks_indices, 3)
print "Weeks indices after split", weeks_indices
```

输出结果如下：

```
Weeks indices after split [array([1, 2, 3, 4, 5]), array([ 6, 7, 8, 9, 10]), array([11,
12, 13, 14, 15])]
```

(5) 在NumPy中，数组的维度也被称作轴。现在我们来熟悉一下apply_along_axis函数。这个函数会调用另外一个由我们给出的函数，作用于每一个数组元素上。目前我们的数组中有3个元素，分别对应于示例数据中的3个星期，元素中的索引值对应于示例数据中的1天。在调用apply_along_axis时提供我们自定义的函数名summarize，并指定要作用的轴或维度的编号（如取1）、目标数组以及可变数量的summarize函数的参数。

```
weeksummary = np.apply_along_axis(summarize, 1, weeks_indices,open, high, low, close)
print "Week summary", weeksummary
```

(6) 编写summarize函数。该函数将为每一周的数据返回一个元组，包含这一周的开盘价、最高价、最低价和收盘价，类似于每天的盘后数据。

```
def summarize(a, o, h, l, c):
    monday_open = o[a[0]]
    week_high = np.max( np.take(h, a) )
    week_low = np.min( np.take(l, a) )
```

```
    friday_close = c[a[-1]]

    return("APPL", monday_open, week_high, week_low, friday_close)
```

注意，我们用take函数来根据索引值获取数组元素的值，并用max和min函数轻松计算出一周的最高股价和最低股价。一周的开盘价即为周一的开盘价，而一周的收盘价即为周五的收盘价。

```
Week summary [['APPL' '335.8' '346.7' '334.3' '346.5']
 ['APPL' '347.89' '360.0' '347.64' '356.85']
 ['APPL' '356.79' '364.9' '349.52' '350.56']]
```

(7) 使用NumPy中的savetxt函数，将数据保存至文件。

```
np.savetxt("weeksummary.csv", weeksummary, delimiter=",", fmt="%s")
```

如代码中所示，我们指定了文件名、需要保存的数组名、分隔符（在这个例子中为英文标点逗号）以及存储浮点数的格式。

格式字符串以一个百分号开始。接下来是一个可选的标志字符：-表示结果左对齐，0表示左端补0，+表示输出符号（正号+或负号-）。第三部分为可选的输出宽度参数，表示输出的最小位数。第四部分是精度格式符，以"."开头，后面跟一个表示精度的整数。最后是一个类型指定字符，在我们的例子中指定为字符串类型。

字符编码	含　义
c	单个字符
d或i	十进制有符号整数
e或E	科学记数法表示的浮点数
f	浮点数
g或G	自动在e、E和f中选择合适的表示法
o	八进制有符号整数
s	字符串
u	十进制无符号整数
x或X	十六进制无符号整数

用你喜欢的文本编辑器打开刚刚生成的文件，或在命令行中输入如下命令：

```
cat weeksummary.csv
APPL,335.8,346.7,334.3,346.5
APPL,347.89,360.0,347.64,356.85
APPL,356.79,364.9,349.52,350.56
```

刚才做了些什么

我们刚刚完成的事情在其他编程语言中几乎是无法完成的。我们定义了一个函数summarize，把它作为参数传给了apply_along_axis函数，而summarize的参数也通过

apply_along_axis的参数列表便捷地传递了过去。示例代码见weeksummary.py文件。

```
import numpy as np
from datetime import datetime

#  星期一 0
#  星期二 1
#  星期三 2
#  星期四 3
#  星期五 4
#  星期六 5
#  星期日 6
def datestr2num(s):
    return datetime.strptime(s, "%d-%m-%Y").date().weekday()

dates, open, high, low, close=np.loadtxt('data.csv', delimiter=',', usecols=(1, 3, 4,
5, 6), converters={1: datestr2num}, unpack=True)
close = close[:16]
dates = dates[:16]

# get first Monday
first_monday = np.ravel(np.where(dates == 0))[0]
print "The first Monday index is", first_monday

# get last Friday
last_friday = np.ravel(np.where(dates == 4))[-1]
print "The last Friday index is", last_friday

weeks_indices = np.arange(first_monday, last_friday + 1)
print "Weeks indices initial", weeks_indices

weeks_indices = np.split(weeks_indices, 3)
print "Weeks indices after split", weeks_indices

def summarize(a, o, h, l, c):
    monday_open = o[a[0]]
    week_high = np.max( np.take(h, a) )
    week_low = np.min( np.take(l, a) )
    friday_close = c[a[-1]]

    return("APPL", monday_open, week_high, week_low, friday_close)

weeksummary = np.apply_along_axis(summarize, 1, weeks_indices, open, high, low, close)
print "Week summary", weeksummary

np.savetxt("weeksummary.csv", weeksummary, delimiter=",", fmt="%s")
```

勇敢出发：优化代码

改进代码，使其能够处理节假日休市的情况。对代码进行性能分析，考察apply_along_axis函数的使用能带来多少速度上的提升。

3.17　真实波动幅度均值（ATR）

ATR（Average True Range，真实波动幅度均值）是一个用来衡量股价波动性的技术指标。ATR的计算并不是重点，只是作为演示几个NumPy函数的例子，包括maximum函数。

3.18　动手实践：计算真实波动幅度均值

按照如下步骤计算真实波动幅度均值。

(1) ATR是基于*N*个交易日的最高价和最低价进行计算的，通常取最近20个交易日。

```
N = int(sys.argv[1])
h = h[-N:]
l = l[-N:]
```

(2) 我们还需要知道前一个交易日的收盘价。

```
previousclose = c[-N -1: -1]
```

对于每一个交易日，计算以下各项。

- `h - l`　当日股价范围，即当日最高价和最低价之差。
- `h - previousclose`　当日最高价和前一个交易日收盘价之差。
- `previousclose - l`　前一个交易日收盘价和当日最低价之差。

(3) max函数返回数组中的最大值。基于上面计算的3个数值，我们来计算所谓的真实波动幅度，也就是这三者的最大值。现在我们想在一组数组之间按照元素挑选最大值——也就是在所有的数组中第一个元素的最大值、第二个元素的最大值等。为此，需要用NumPy中的maximum函数，而不是max函数。

```
truerange = np.maximum(h - l, h - previousclose, previousclose - l)
```

(4) 创建一个长度为N的数组atr，并初始化数组元素为0。

```
atr = np.zeros(N)
```

(5) 这个数组的首个元素就是truerange数组元素的平均值。

```
atr[0] = np.mean(truerange)
```

用如下公式计算其他元素的值：

$$\frac{((N-1)PATR+TR)}{N}$$

这里，PATR表示前一个交易日的ATR值，TR即当日的真实波动幅度。

```
for i in range(1, N):
  atr[i] = (N - 1) * atr[i - 1] + truerange[i]
  atr[i] /= N
```

刚才做了些什么

我们生成了3个数组，分别表示3种范围——当日股价范围，当日最高价和前一个交易日收盘价之差，以及前一个交易日收盘价和当日最低价之差。这告诉我们股价波动的范围，也就是波动性的大小。ATR的算法要求我们找出三者的最大值。而之前使用的max函数只能给出一个数组内的最大元素值，并非这里所需要的。我们要在一组数组之间挑选每一个元素位置上的最大值，也就是在所有的数组中第一个元素的最大值、第二个元素的最大值等。在这一节的“动手实践”教程中，我们了解到maximum函数可以做到这一点。最终，我们根据每一天的真实波动幅度值计算出一个移动平均值。示例代码见atr.py文件。

```
import numpy as np
import sys

h, l, c = np.loadtxt('data.csv', delimiter=',', usecols=(4, 5, 6), unpack=True)

N = int(sys.argv[1])
h = h[-N:]
l = l[-N:]

print "len(h)", len(h), "len(l)", len(l)
print "Close", c
previousclose = c[-N -1: -1]

print "len(previousclose)", len(previousclose)
print "Previous close", previousclose
truerange = np.maximum(h - l, h - previousclose, previousclose - l)

print "True range", truerange

atr = np.zeros(N)

atr[0] = np.mean(truerange)

for i in range(1, N):
  atr[i] = (N - 1) * atr[i - 1] + truerange[i]
  atr[i] /= N

print "ATR", atr
```

在随后的教程中，我们将学习更好的计算移动平均值的方法。

勇敢出发：尝试minimum函数

除了maximum函数，NumPy中还有一个minimum函数。你可能已经猜到了这个函数的功能。请创建一小段脚本或在IPython中创建一个会话，以证明你的猜想。

3.19　简单移动平均线

简单移动平均线（simple moving average）通常用于分析时间序列上的数据。为了计算它，我们需要定义一个*N*个周期的移动窗口，在我们的例子中即*N*个交易日。我们按照时间序列滑动这个窗口，并计算窗口内数据的均值。

3.20　动手实践：计算简单移动平均线

移动平均线只需要少量的循环和均值函数即可计算得出，但使用NumPy还有更优的选择——convolve函数。简单移动平均线只不过是计算与等权重的指示函数的卷积，当然，也可以是不等权重的。

卷积是分析数学中一种重要的运算，定义为一个函数与经过翻转和平移的另一个函数的乘积的积分。

按照如下步骤计算简单移动平均线。

(1) 使用ones函数创建一个长度为N的元素均初始化为1的数组，然后对整个数组除以N，即可得到权重。如下所示：

```
N = int(sys.argv[1])
weights = np.ones(N) / N
print "Weights", weights
```

在N = 5时，输出结果如下：

```
Weights [ 0.2 0.2 0.2 0.2 0.2]
```

(2) 使用这些权重值，调用convolve函数：

```
c = np.loadtxt('data.csv', delimiter=',', usecols=(6,), unpack=True)
sma = np.convolve(weights, c)[N-1:-N+1]
```

(3) 我们从convolve函数返回的数组中，取出中间的长度为N的部分[①]。下面的代码将创建一个存储时间值的数组，并使用Matplotlib进行绘图。我们会在后续章节学习这个绘图库。

① 即两者做卷积运算时完全重叠的区域。——译者注

```
c = np.loadtxt('data.csv', delimiter=',', usecols=(6,), unpack=True)
sma = np.convolve(weights, c)[N-1:-N+1]
t = np.arange(N - 1, len(c))
plot(t, c[N-1:], lw=1.0)
plot(t, sma, lw=2.0)
show()
```

在下图中，相对较平滑的粗线描绘的是5日移动平均线，而锯齿状的细线描绘的是每天的收盘价。

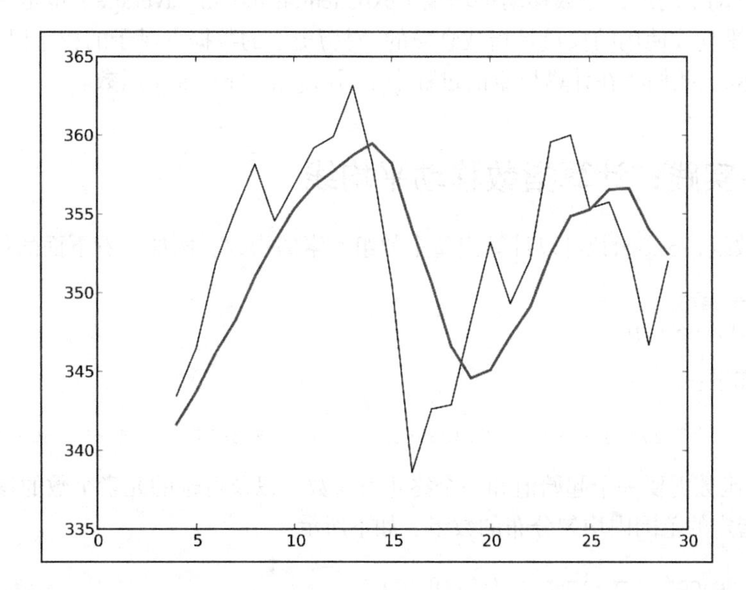

刚才做了些什么

我们计算出了收盘价数据的简单移动平均线。是的，你掌握了很重要的知识，那就是简单移动平均线可以用信号处理技术求解——与1/*N*的权重进行卷积运算，*N*为移动平均窗口的大小。我们还学习了ones函数的用法，即可以创建元素均为1的数组，以及convolve函数，计算一组数据与指定权重的卷积。示例代码见sma.py文件。

```
import numpy as np
import sys
from matplotlib.pyplot import plot
from matplotlib.pyplot import show

N = int(sys.argv[1])

weights = np.ones(N) / N
print "Weights", weights

c = np.loadtxt('data.csv', delimiter=',', usecols=(6,), unpack=True)
sma = np.convolve(weights, c)[N-1:-N+1]
```

```
t = np.arange(N - 1, len(c))
plot(t, c[N-1:], lw=1.0)
plot(t, sma, lw=2.0)
show()
```

3.21 指数移动平均线

除了简单移动平均线，指数移动平均线（exponential moving average）也是一种流行的技术指标。指数移动平均线使用的权重是指数衰减的。对历史上的数据点赋予的权重以指数速度减小，但永远不会到达0。我们将在计算权重的过程中学习exp和linspace函数。

3.22 动手实践：计算指数移动平均线

给定一个数组，exp函数可以计算出每个数组元素的指数。例如，看下面的代码：

```
x = np.arange(5)
print "Exp", np.exp(x)
```

输出结果如下：

```
Exp [ 1.          2.71828183    7.3890561     20.08553692    54.59815003]
```

linspace函数需要一个起始值和一个终止值参数，以及可选的元素个数的参数，它将返回一个元素值在指定的范围内均匀分布的数组。如下所示：

```
print "Linspace", np.linspace(-1, 0, 5)
```

输出结果如下：

```
Linspace [-1.    -0.75    -0.5    -0.25    0. ]
```

下面我们来对示例数据计算指数移动平均线。

(1) 还是回到权重的计算——这次使用exp和linspace函数。

```
N = int(sys.argv[1])
weights = np.exp(np.linspace(-1. , 0. , N))
```

(2) 对权重值做归一化处理。我们将用到ndarray对象的sum方法。

```
weights /= weights.sum()
print "Weights", weights
```

在$N=5$时，我们得到的权重值如下：

```
Weights [ 0.11405072 0.14644403 0.18803785 0.24144538 0.31002201]
```

(3) 接下来就很容易了，我们只需要使用在简单移动平均线一节中学习到的convolve函数即可。同样，我们还是将结果绘制出来。

```
c = np.loadtxt('data.csv', delimiter=',', usecols=(6,), unpack=True)
ema = np.convolve(weights, c)[N-1:-N+1]
t = np.arange(N - 1, len(c))
plot(t, c[N-1:], lw=1.0)
plot(t, ema, lw=2.0)
show()
```

我们再次得到了曼妙的折线图。与之前一样，相对比较平滑的粗线描绘的是指数移动平均线，而锯齿状的细线描绘的是每天的收盘价。

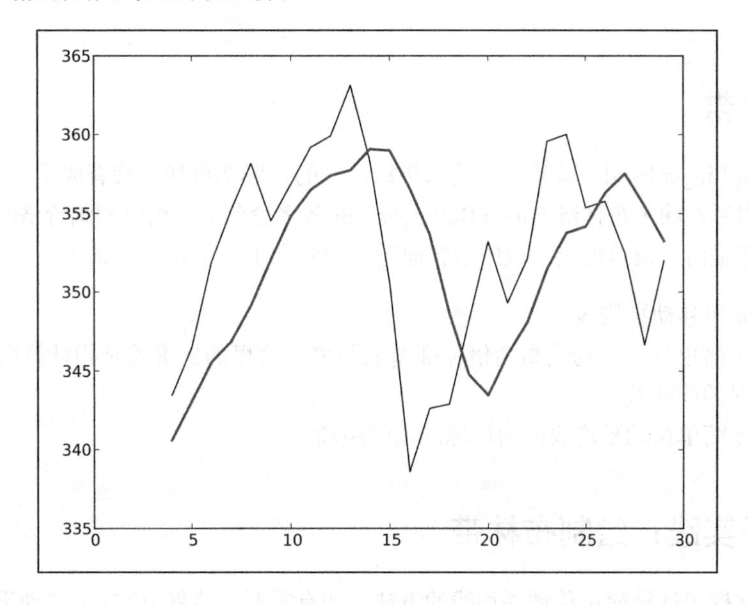

刚才做了些什么

我们对收盘价数据计算了指数移动平均线。首先，我们使用exp和linspace函数计算出指数衰减的权重值。linspace函数返回的是一个元素值均匀分布的数组，随后我们计算出它们的指数。为了将这些权重值归一化，我们调用了ndarray对象的sum方法。最后，我们再次应用了在前面简单移动平均线一节中学习到的convolve函数，最终计算出指数移动平均线。示例代码见ema.py文件。

```
import numpy as np
import sys
from matplotlib.pyplot import plot
from matplotlib.pyplot import show

x = np.arange(5)
print "Exp", np.exp(x)
```

```
print "Linspace", np.linspace(-1, 0, 5)

N = int(sys.argv[1])


weights = np.exp(np.linspace(-1., 0., N))
weights /= weights.sum()
print "Weights", weights

c = np.loadtxt('data.csv', delimiter=',', usecols=(6,), unpack=True)
ema = np.convolve(weights, c)[N-1:-N+1]
t = np.arange(N - 1, len(c))
plot(t, c[N-1:], lw=1.0)
plot(t, ema, lw=2.0)
show()
```

3.23　布林带

布林带（Bollinger band）又是一种技术指标。是的，股票市场的确有成千上万种技术指标。布林带是以发明者约翰·布林格（John Bollinger）的名字命名的，用以刻画价格波动的区间。布林带的基本型态是由三条轨道线组成的带状通道（中轨和上、下轨各一条）。

- 中轨　简单移动平均线。
- 上轨　比简单移动平均线高两倍标准差的距离。这里的标准差是指计算简单移动平均线所用数据的标准差。
- 下轨　比简单移动平均线低两倍标准差的距离。

3.24　动手实践：绘制布林带

我们已经掌握了计算简单移动平均线的方法。如有需要，请复习3.20节“动手实践：计算简单移动平均线”的内容。接下来的例子将介绍NumPy中的`fill`函数。`fill`函数可以将数组元素的值全部设置为一个指定的标量值，它的执行速度比使用`array.flat = scalar`或者用循环遍历数组赋值的方法更快。按照如下步骤绘制布林带。

(1) 我们已经有一个名为`sma`的数组，包含了简单移动平均线的数据。因此，我们首先要遍历和这些值有关的数据子集。数据子集构建完成后，计算其标准差。注意，从某种意义上来说，我们必须去计算每一个数据点与相应平均值之间的差值。如果不使用NumPy，我们只能遍历所有的数据点并逐一减去相应的平均值。幸运的是，NumPy中的`fill`函数可以构建元素值完全相同的数组。这可以让我们省去一层循环，当然也就省去了这个循环内作差的步骤。

```
deviation = []
C = len(c)

for i in range(N - 1, C):
```

```
        if i + N < C:
          dev = c[i: i + N]
        else:
          dev = c[-N:]

        averages = np.zeros(N)
        averages.fill(sma[i - N - 1])
        dev = dev - averages
        dev = dev ** 2
        dev = np.sqrt(np.mean(dev))
        deviation.append(dev)

    deviation = 2 * np.array(deviation)
    upperBB = sma + deviation
    lowerBB = sma - deviation
```

(2) 使用如下代码绘制布林带（不必担心，我们将在第9章中学习绘图方面的知识）：

```
t = numpy.arange(N - 1, C)
plot(t, c_slice, lw=1.0)
plot(t, sma, lw=2.0)
plot(t, upperBB, lw=3.0)
plot(t, lowerBB, lw=4.0)
show()
```

下图是用我们的示例数据绘制出来的布林带。中间锯齿状的细线描绘的是每天的收盘价，而稍微粗一点也平滑一点的穿过它的曲线即为简单移动平均线。

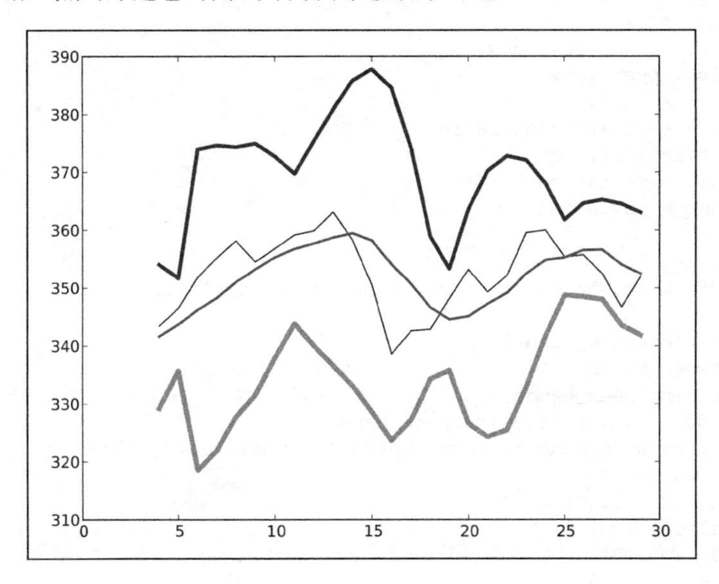

刚才做了些什么

我们在示例数据上计算得到了布林带。更重要的是，我们还了解了NumPy中`fill`函数的用法。该函数可以用一个指定的标量值填充数组，而这个标量值也是`fill`函数唯一的参数。示例代码见bollingerbands.py文件。

```
import numpy as np
import sys
from matplotlib.pyplot import plot
from matplotlib.pyplot import show

N = int(sys.argv[1])

weights = np.ones(N) / N
print "Weights", weights

c = np.loadtxt('data.csv', delimiter=',', usecols=(6,), unpack=True)
sma = np.convolve(weights, c)[N-1:-N+1]
deviation = []
C = len(c)

for i in range(N - 1, C):
    if i + N < C:
      dev = c[i: i + N]
    else:
      dev = c[-N:]

    averages = np.zeros(N)
    averages.fill(sma[i - N - 1])
    dev = dev - averages
    dev = dev ** 2
    dev = np.sqrt(np.mean(dev))
    deviation.append(dev)

deviation = 2 * np.array(deviation)
print len(deviation), len(sma)
upperBB = sma + deviation
lowerBB = sma - deviation

c_slice = c[N-1:]
between_bands = np.where((c_slice < upperBB) & (c_slice > lowerBB))

print lowerBB[between_bands]
print c[between_bands]
print upperBB[between_bands]
between_bands = len(np.ravel(between_bands))
print "Ratio between bands", float(between_bands)/len(c_slice)

t = np.arange(N - 1, C)
plot(t, c_slice, lw=1.0)
plot(t, sma, lw=2.0)
plot(t, upperBB, lw=3.0)
plot(t, lowerBB, lw=4.0)
show()
```

勇敢出发：转换为指数移动平均线

人们通常将简单移动平均线作为布林带的中轨线。而以指数移动平均线作为中轨线也是一种流行的做法，因此我们将它留作练习。如果需要提示，你可以在本章中找到合适的示例。

验证一下`fill`函数的执行速度是否真的比使用`array.flat = scalar`或者用循环遍历数组赋值的方法更快。

3.25 线性模型

许多科学研究中都会用到线性关系的模型。NumPy的`linalg`包是专门用于线性代数计算的。下面的工作基于一个假设，就是一个价格可以根据N个之前的价格利用线性模型计算得出。

3.26 动手实践：用线性模型预测价格

我们姑且假设，一个股价可以用之前股价的线性组合表示出来，也就是说，这个股价等于之前的股价与各自的系数相乘后再做加和的结果，这些系数是需要我们来确定的。用线性代数的术语来讲，这就是解一个最小二乘法的问题。步骤如下。

(1) 首先，获取一个包含N个股价的向量`b`。

```
b = c[-N:]
b = b[::-1]
print "b", b
```

输出结果如下：

```
b [ 351.99  346.67  352.47  355.76  355.36]
```

(2) 第二步，初始化一个$N×N$的二维数组`A`，元素全部为`0`。

```
A = np.zeros((N, N), float)
print "Zeros N by N", A
Zeros N by N [[ 0.  0.  0.  0.  0.]
 [ 0.  0.  0.  0.  0.]
 [ 0.  0.  0.  0.  0.]
 [ 0.  0.  0.  0.  0.]
 [ 0.  0.  0.  0.  0.]]
```

(3) 第三步，用`c`向量中的N个股价值填充数组`A`。

```
for i in range(N):
    A[i, ] = c[-N - 1 - i: - 1 - i]
print "A", A
```

现在，数组A变成了这样：

```
A [[ 360.    355.36 355.76 352.47 346.67]
 [ 359.56 360.    355.36 355.76 352.47]
 [ 352.12 359.56 360.    355.36 355.76]
 [ 349.31 352.12 359.56 360.    355.36]
 [ 353.21 349.31 352.12 359.56 360.  ]]
```

(4) 我们的目标是确定线性模型中的那些系数，以解决最小平方和的问题。我们使用linalg包中的lstsq函数来完成这个任务。

```
(x, residuals, rank, s) = np.linalg.lstsq(A, b)

print x, residuals, rank, s
```

输出结果如下：

```
[ 0.78111069 -1.44411737 1.63563225 -0.89905126 0.92009049]
[] 5 [ 1.77736601e+03 1.49622969e+01 8.75528492e+00 5.15099261e+00 1.75199608e+00]
```

返回的元组中包含稍后要用到的系数向量x、一个残差数组、A的秩以及A的奇异值。

(5) 一旦得到了线性模型中的系数，我们就可以预测下一次的股价了。使用NumPy中的dot函数计算系数向量与最近N个价格构成的向量的点积（dot product）。

```
print numpy.dot(b, x)
```

这个点积就是向量b中那些价格的线性组合，系数由向量x提供。我们得到如下结果：

```
357.939161015
```

我查了一下记录，下一个交易日实际的收盘价为353.56。因此，我们用$N = 5$做出的预测结果并没有差得很远。

刚才做了些什么

我们预测了明天的股价。如果这真的有效，我们就可以提早退休了！你看，买这本书是多么正确的投资！我们为股价预测建立了一个线性模型，于是这个金融问题就变成了一个线性代数问题。NumPy中的linalg包里有一个lstsq函数，帮助我们求出了问题的解——即估计线性模型中的系数。在得到解之后，我们将系数应用于NumPy中的dot函数，通过线性回归的方法预测了下一次的股价。示例代码见linearmodel.py文件。

```
import numpy as np
import sys

N = int(sys.argv[1])

c = np.loadtxt('data.csv', delimiter=',', usecols=(6,), unpack=True)
```

```
b = c[-N:]
b = b[::-1]
print "b", b

A = np.zeros((N, N), float)
print "Zeros N by N", A

for i in range(N):
  A[i, ] = c[-N - 1 - i: - 1 - i]

print "A", A

(x, residuals, rank, s) = np.linalg.lstsq(A, b)

print x, residuals, rank, s

print np.dot(b, x)
```

3.27 趋势线

趋势线，是根据股价走势图上很多所谓的枢轴点绘成的曲线。顾名思义，趋势线描绘的是价格变化的趋势。过去的股民们在纸上用手绘制趋势线，而现在我们可以让计算机来帮助我们作图。在这一节的教程中，我们将用非常简易的方法来绘制趋势线，可能在实际生活中不是很奏效，但这应该能将趋势线的原理阐述清楚。

3.28 动手实践：绘制趋势线

按照如下步骤绘制趋势线。

(1) 首先，我们需要确定枢轴点的位置。这里，我们假设它们等于最高价、最低价和收盘价的算术平均值。

```
h, l, c = np.loadtxt('data.csv', delimiter=',', usecols=(4, 5, 6), unpack=True)

pivots = (h + l + c ) / 3
print "Pivots", pivots
```

从这些枢轴点出发，我们可以推导出所谓的阻力位和支撑位。阻力位是指股价上升时遇到阻力，在转跌前的最高价格；支撑位是指股价下跌时遇到支撑，在反弹前的最低价格。需要提醒的是，阻力位和支撑位并非客观存在，它们只是一个估计量。基于这些估计量，我们就可以绘制出阻力位和支撑位的趋势线。我们定义当日股价区间为最高价与最低价之差。

(2) 定义一个函数用直线`y= at + b`来拟合数据，该函数应返回系数`a`和`b`。这里需要再次用到`linalg`包中的`lstsq`函数。将直线方程重写为`y = Ax`的形式，其中`A = [t 1]`，`x = [a b]`。使用`ones_like`和`vstack`函数来构造数组`A`。

```
def fit_line(t, y):
    A = np.vstack([t, np.ones_like(t)]).T
    return np.linalg.lstsq(A, y)[0]
```

(3) 假设支撑位在枢轴点下方一个当日股价区间的位置，而阻力位在枢轴点上方一个当日股价区间的位置，据此拟合支撑位和阻力位的趋势线。

```
t = np.arange(len(c))
sa, sb = fit_line(t, pivots - (h - l))
ra, rb = fit_line(t, pivots + (h - l))
support = sa * t + sb
resistance = ra * t + rb
```

(4) 到这里我们已经获得了绘制趋势线所需要的全部数据。但是，我们最好检查一下有多少个数据点落在支撑位和阻力位之间。显然，如果只有一小部分数据在这两条趋势线之间，这样的设定就没有意义。设置一个判断数据点是否位于趋势线之间的条件，作为where函数的参数。

```
condition = (c > support) & (c < resistance)
print "Condition", condition
between_bands = np.where(condition)
```

以下是根据条件判断的布尔值：

```
Condition [False False True True True True True False False True False False
 False False False True False False False True True True True False False True True
True False True]
```

复查一下具体取值：

```
print support[between_bands]
print c[between_bands]
print resistance[between_bands]
```

注意，where函数返回的是一个秩为2的数组，因此在使用len函数之前需要调用ravel函数。

```
between_bands = len(np.ravel(between_bands))
print "Number points between bands", between_bands
print "Ratio between bands", float(between_bands)/len(c)
```

你将得到如下结果：

```
Number points between bands 15
Ratio between bands 0.5
```

我们还得到了一个额外的奖励：一个新的预测模型。我们可以用这个模型来预测下一个交易日的阻力位和支撑位。

```
print "Tomorrows support", sa * (t[-1] + 1) + sb
print "Tomorrows resistance", ra * (t[-1] + 1) + rb
```

输出结果如下：

```
Tomorrows support 349.389157088
```

```
Tomorrows resistance 360.749340996
```

此外，还有另外一种计算支撑位和阻力位之间数据点个数的方法：使用[]和intersect1d函数。在[]操作符里面定义选取条件，然后用intersect1d函数计算两者相交的结果。

```
a1 = c[c > support]
a2 = c[c < resistance]
print "Number of points between bands 2nd approach" ,len(np. intersect1d(a1, a2))
```

如我们所料，得到的结果如下：

```
Number of points between bands 2nd approach 15
```

(5) 我们再次将结果绘制出来，如下所示：

```
plot(t, c)
plot(t, support)
plot(t, resistance)
show()
```

绘制结果如下图所示，其中包含了股价数据以及对应的支撑位和阻力位。

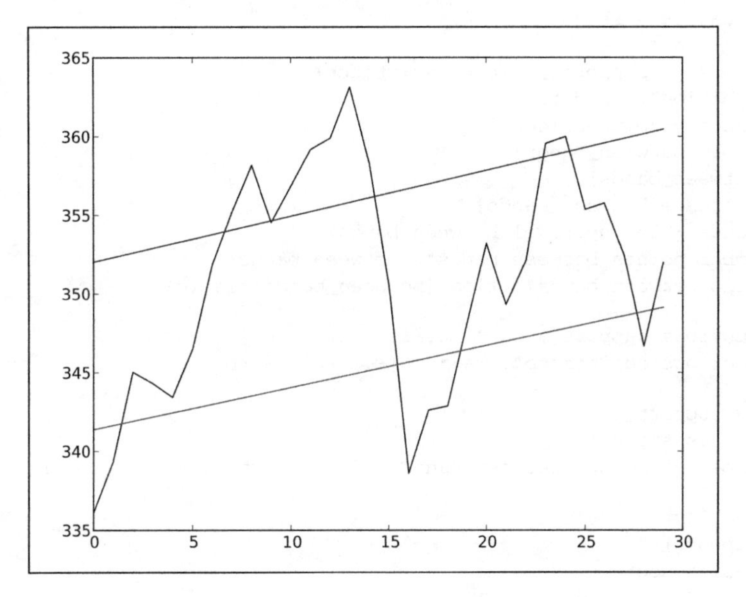

刚才做了些什么

我们用NumPy画出了趋势线，省去了用尺、铅笔和绘图纸的麻烦。我们定义了一个用直线拟合数据的函数，其中用到NumPy中的vstack、ones_like和lstsq函数。拟合数据是为了得到支撑位和阻力位两条趋势线的方程。随后，我们用两种不同的方法分别计算了有多少个数据点落在支撑位和阻力位之间的范围内，并得到了一致的结果。

第一种方法使用where函数和一个条件表达式。第二种方法使用[]操作符和intersect1d函数。intersect1d函数返回一个由两个数组的所有公共元素构成的数组。示例代码见trendline.py文件。

```
import numpy as np
from matplotlib.pyplot import plot
from matplotlib.pyplot import show

def fit_line(t, y):
    A = np.vstack([t, np.ones_like(t)]).T

    return np.linalg.lstsq(A, y)[0]

h, l, c = np.loadtxt('data.csv', delimiter=',' , usecols=(4, 5, 6), unpack=True)
pivots = (h + l + c ) / 3
print "Pivots", pivots

t = np.arange(len(c))
sa, sb = fit_line(t, pivots - (h - l))
ra, rb = fit_line(t, pivots + (h - l))

support = sa * t + sb
resistance = ra * t + rb
condition = (c > support) & (c < resistance)
print "Condition", condition
between_bands = np.where(condition)
print support[between_bands]
print c[between_bands]
print resistance[between_bands]
between_bands = len(np.ravel(between_bands))
print "Number points between bands", between_bands
print "Ratio between bands", float(between_bands)/len(c)

print "Tomorrows support", sa * (t[-1] + 1) + sb
print "Tomorrows resistance", ra * (t[-1] + 1) + rb

a1 = c[c > support]
a2 = c[c < resistance]
print "Number of points between bands 2nd approach" ,len(np. intersect1d(a1, a2))

plot(t, c)
plot(t, support)
plot(t, resistance)
show()
```

3.29　ndarray 对象的方法

NumPy中的ndarray类定义了许多方法，可以在数组对象上直接调用。通常情况下，这些方法会返回一个数组。你可能已经注意到了，很多NumPy函数都有对应的相同的名字和功能的ndarray对象。这主要是由NumPy发展过程中的历史原因造成的。

ndarray对象的方法相当多，我们无法在这里逐一介绍。前面遇到的var、sum、std、argmax、argmin以及mean函数也均为ndarray方法。

数组的修剪和压缩请参见下一节中的内容。

3.30 动手实践：数组的修剪和压缩

这里给出少量使用ndarray方法的例子。按如下步骤对数组进行修剪和压缩操作。

(1) clip方法返回一个修剪过的数组，也就是将所有比给定最大值还大的元素全部设为给定的最大值，而所有比给定最小值还小的元素全部设为给定的最小值。例如，设定范围1到2对0到4的整数数组进行修剪：

```
a = np.arange(5)
print "a =", a
print "Clipped", a.clip(1, 2)
```

输出结果如下：

```
a = [0 1 2 3 4]
Clipped [1 1 2 2 2]
```

(2) compress方法返回一个根据给定条件筛选后的数组。例如：

```
a = np.arange(4)
print a
print "Compressed", a.compress(a > 2)
```

输出结果如下：

```
[0 1 2 3]
Compressed [3]
```

刚才做了些什么

我们创建了一个0到3的整数数组a，然后调用compress方法并指定条件a > 2，从而获取到了该数组中的最后一个元素3。

3.31 阶乘

许多程序设计类的书籍都会给出计算阶乘的例子，我们应该保持这个传统。

3.32 动手实践：计算阶乘

ndarray类有一个prod方法，可以计算数组中所有元素的乘积。按如下步骤计算阶乘。

(1) 计算8的阶乘。为此，先生成一个1~8的整数数组，并调用prod方法。

```
b = np.arange(1, 9)
print "b =", b
print "Factorial", b.prod()
```

你可以用计算器检查一下结果是否正确：

```
b = [1 2 3 4 5 6 7 8]
Factorial 40320
```

这很不错，但如果我们想知道1~8的所有阶乘值呢？

(2) 没问题！调用cumprod方法，计算数组元素的累积乘积。

```
print "Factorials", b.cumprod()
```

再次检查一下结果吧：

```
Factorials [    1     2     6    24   120   720  5040 40320]
```

刚才做了些什么

我们使用prod和cumprod方法计算了阶乘。示例代码见ndarraymethods.py文件。

```
import numpy as np

a = np.arange(5)
print "a =", a
print "Clipped", a.clip(1, 2)

a = np.arange(4)
print a
print "Compressed", a.compress(a > 2)

b = np.arange(1, 9)
print "b =", b
print "Factorial", b.prod()

print "Factorials", b.cumprod()
```

3.33　本章小结

本章我们学习了很多常用的NumPy函数。我们用loadtxt读文件，用savetxt写文件，用eye函数创建单位矩阵，用loadtxt函数从一个CSV文件中读取股价数据。NumPy中的average和mean函数可以用来计算数据的加权平均数和算术平均数。

本章还提到了一些常用的统计函数。首先，我们使用min和max函数来确定股价的范围；然后，用median函数获取数据的中位数；最后，用std和var函数计算数据的标准差和方差。

diff函数可以返回数组中相邻元素的差值，因此我们用它来计算股票的简单收益率。log函数可以计算数组元素的自然对数。

loadtxt函数默认将所有数据转换为浮点数类型，它有一个特定的参数可以完成转换。这个参数就是converters，它是一个可以将数据列和所谓的转换函数连接起来的参数。

我们自定义了一个函数并将其作为参数传给了apply_along_axis函数。我们实现了一个可以在多个数组间找出每个位置上最大元素的算法。

我们了解到ones函数可以创建一个全为1的数组，而且convolve函数可以根据指定的权重计算卷积。

我们用exp和linspace函数得到了一组指数衰减的权重值。linspace可以给出一个均匀分布的数组，然后我们计算出该数组元素的指数。我们还调用ndarray类的sum方法对权重值做归一化处理。

我们还接触到了fill函数，这个函数可以用一个指定的标量值填充数组，而这个标量值也是其唯一的参数。

结束了本章的NumPy常用函数之旅，我们将来到NumPy便捷函数的世界。下一章将学习polyfit、sign和piecewise等NumPy函数。

第4章 便捷函数

你可能已经发现，NumPy中包含大量的函数。其实很多函数的设计初衷都是为了让你能更方便地使用。了解这些函数，你可以大大提升自己的工作效率。这些函数包括数组元素的选取（例如，根据某个条件表达式）和多项式运算等。计算股票收益率相关性的例子将让你浅尝NumPy数据分析。

本章涵盖以下内容：

- 数据选取；
- 简单数据分析；
- 收益率相关性；
- 多项式；
- 线性代数的计算函数。

在前一章中，我们只用到了一个数据文件。本章将有重要的改进——我们同时用到两个数据文件。让我们继续前进，携手NumPy一起探索数据吧。

4.1 相关性

不知你是否注意过这样的现象：某公司的股价被另外一家公司的股价紧紧跟随，并且它们通常是同领域的竞争对手。对于这种现象，理论上的解释是：因为这两家公司经营的业务类型相同，它们面临同样的挑战，需要相同的原料和资源，并且争夺同类型的客户。

你可能会想到很多这样的例子，但还想检验一下它们是否真的存在关联。一种方法就是看看两个公司股票收益率的相关性，强相关性意味着它们之间存在一定的关联性。当然，这不是严格的证明，特别是当我们所用的数据不够充足时。

4.2 动手实践：股票相关性分析

在本节的教程中，我们将使用2个示例数据集提供收盘价数据，其中包含收盘价的最小值。第一家公司是BHP Billiton（BHP），其主要业务是石油、金属和钻石的开采。第二家公司是Vale（VALE），也是一家金属开采业的公司。因此，这两家公司有部分业务是重合的，尽管不是100%相同。按照如下步骤分析它们股票的相关性。

(1) 首先，从CSV文件（本章示例代码文件夹中）中读入两只股票的收盘价数据，并计算收益率。如果你不记得该怎样做，在前一章中有很多可以参阅的例子。

(2) 协方差描述的是两个变量共同变化的趋势，其实就是归一化前的相关系数。使用cov函数计算股票收益率的协方差矩阵（并非必须这样做，但我们可以据此展示一些矩阵操作的方法）。

```
covariance = np.cov(bhp_returns, vale_returns)
print "Covariance", covariance
```

得到的协方差矩阵如下：

```
Covariance [[ 0.00028179 0.00019766]
 [ 0.00019766 0.00030123]]
```

(3) 使用diagonal函数查看对角线上的元素：

```
print "Covariance diagonal", covariance.diagonal()
```

得到协方差矩阵的对角线元素如下：

```
Covariance diagonal [ 0.00028179 0.00030123]
```

协方差矩阵中对角线上的元素并不相等，这与相关系数矩阵是不同的。

(4) 使用trace函数计算矩阵的迹，即对角线上元素之和：

```
print "Covariance trace", covariance.trace()
```

计算出协方差矩阵的迹如下：

```
Covariance trace 0.00058302354992
```

(5) 两个向量的相关系数被定义为协方差除以各自标准差的乘积。计算向量a和b的相关系数的公式如下。

$$corr(a,b)=\frac{cov(a,b)}{\sigma_b\ \sigma_b}$$

尝试一下：

```
print covariance/ (bhp_returns.std() * vale_returns.std())
```

得到的矩阵如下：[①]

```
[[ 1.00173366 0.70264666]
 [ 0.70264666 1.0708476 ]]
```

(6) 我们将用相关系数来度量这两只股票的相关程度。相关系数的取值范围在-1到1之间。根据定义，一组数值与自身的相关系数等于1。这是严格线性关系的理想值，实际上如果得到稍小一些的值，我们仍然会很高兴。使用corrcoef函数计算相关系数（或者更精确地，相关系数矩阵）：

```
print "Correlation coefficient", np.corrcoef(bhp_returns, vale_returns)
```

得到的相关系数矩阵如下：

```
[[ 1.         0.67841747]
 [ 0.67841747 1.        ]]
```

对角线上的元素即BHP和VALE与自身的相关系数，因此均为1，很可能并非真的经过计算得出。相关系数矩阵是关于对角线对称的，因此另外两个元素的值相等，表示BHP与VALE的相关系数等于VALE和BHP的相关系数。看起来它们的相关程度似乎不是很强。

(7) 另外一个要点是判断两只股票的价格走势是否同步。如果它们的差值偏离了平均差值2倍于标准差的距离，则认为这两只股票走势不同步。

若判断为不同步，我们可以进行股票交易，等待它们重新回到同步的状态。计算这两只股票收盘价的差值，以判断是否同步：

```
difference = bhp - vale
```

检查最后一次收盘价是否在同步状态，代码如下：

---

① 本书作者将该矩阵称为相关系数矩阵，译者保留不同观点。我们知道，相关系数矩阵的主对角线元素为随机变量与自身的相关系数，应该等于1。因此这一步得到的矩阵并非相关系数矩阵，而下一步中的才是。读者可能有这样的疑问，为何这里按照相关系数的定义手动计算出来的矩阵并非相关系数矩阵呢？主要有两点原因：(1) 分母不应为定值，而要根据分子上的协方差计算对象确定。以左上角的元素为例，由于其分子为cov(a, a)，即随机变量a和其自身的协方差，则分母对应为(bhp_returns.std() * bhp_returns.std())。其他位置的元素计算同理。(2) 即使按照这一步给出的算式，副对角线上的元素也应该是正确的相关系数，但为何与下一步中的副对角线仍不一致呢？这是由于NumPy在计算协方差时，自由度参数默认为1，即分母为$N-1$而不是N，从而求得总体协方差的无偏估计。而调用.std()计算标准差时，自由度参数默认为0，从而求得的是样本标准差，而非总体标准差的无偏估计。因此，这一步计算的副对角线元素也并非正确的相关系数。译者测试了作者提供的源代码，如果在调用.std()方法时指定ddof=1，即自由度设为1，就可以得到与下一步计算结果相同的副对角线元素。如前所述，若分别计算各个元素的分母，即可得到主对角线为1、完全正确的相关系数矩阵。——译者注

```
avg = np.mean(difference)
dev = np.std(difference)
print "Out of sync", np.abs(difference[-1] - avg) > 2 * dev
```

遗憾的是，我们暂时不能进行交易：

```
Out of sync False
```

(8) 绘图需要Matplotlib库，我们将在第9章中详细讲解。使用如下代码进行绘图：

```
t = np.arange(len(bhp_returns))
plot(t, bhp_returns, lw=1)
plot(t, vale_returns, lw=2)
show()
```

结果如下。

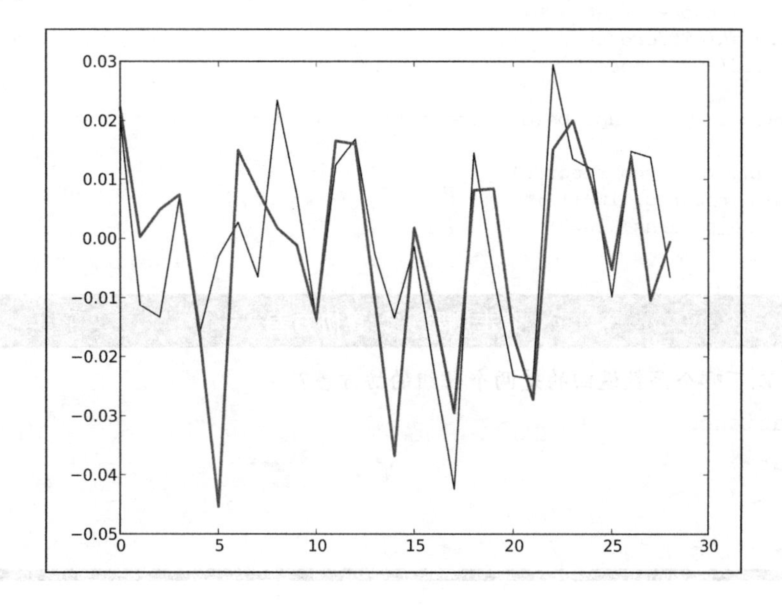

刚才做了些什么

我们分析了两只股票BHP和VALE收盘价的相关性。更准确地说，我们计算了其收益率的相关系数。这可以用corrcoef函数来计算。我们还了解了协方差矩阵的计算过程，并可以据此计算相关系数。我们也因此展示了diagonal函数和trace函数的用法，分别可以给出矩阵的对角线元素和矩阵的迹。示例代码见correlation.py文件。

```
import numpy as np
from matplotlib.pyplot import plot
from matplotlib.pyplot import show

bhp = np.loadtxt('BHP.csv', delimiter=',', usecols=(6,), unpack=True)
```

```
bhp_returns = np.diff(bhp) / bhp[ : -1]

vale = np.loadtxt('VALE.csv', delimiter=',', usecols=(6,), unpack=True)

vale_returns = np.diff(vale) / vale[ : -1]

covariance = np.cov(bhp_returns, vale_returns)
print "Covariance", covariance

print "Covariance diagonal", covariance.diagonal()
print "Covariance trace", covariance.trace()

print covariance/ (bhp_returns.std() * vale_returns.std())

print "Correlation coefficient", np.corrcoef(bhp_returns, vale_ returns)

difference = bhp - vale
avg = np.mean(difference)
dev = np.std(difference)

print "Out of sync", np.abs(difference[-1] - avg) > 2 * dev

t = np.arange(len(bhp_returns))
plot(t, bhp_returns, lw=1)
plot(t, vale_returns, lw=2)
show()
```

突击测验：计算协方差

问题1　*以下哪个函数返回的是两个数组的协方差？*

(1) `covariance`

(2) `covar`

(3) `cov`

(4) `cvar`

4.3　多项式

你喜欢微积分吗？我非常喜欢！在微积分里有泰勒展开的概念，也就是用一个无穷级数来表示一个可微的函数。实际上，任何可微的（从而也是连续的）函数都可以用一个*N*次多项式来估计，而比*N*次幂更高阶的部分为无穷小量可忽略不计。

4.4　动手实践：多项式拟合

NumPy中的`ployfit`函数可以用多项式去拟合一系列数据点，无论这些数据点是否来自连续函数都适用。

(1) 我们继续使用BHP和VALE的股票价格数据。用一个三次多项式去拟合两只股票收盘价的差价：

```
bhp=np.loadtxt('BHP.csv', delimiter=',', usecols=(6,), unpack=True)
vale=np.loadtxt('VALE.csv', delimiter=',', usecols=(6,),unpack=True)
t = np.arange(len(bhp))
poly = np.polyfit(t, bhp - vale, int(sys.argv[1]))
print "Polynomial fit", poly
```

拟合的结果为（在这个例子中是一个三次多项式）：

```
Polynomial fit [ 1.11655581e-03 -5.28581762e-02 5.80684638e-01 5.79791202e+01]
```

(2) 上面看到的那些数字就是多项式的系数。用我们刚刚得到的多项式对象以及`polyval`函数，就可以推断下一个值：


```
print "Next value", np.polyval(poly, t[-1] + 1)
```

预测的下一个值为：

```
Next value 57.9743076081
```

(3) 理想情况下，BHP和VALE股票收盘价的差价越小越好。在极限情况下，差值可以在某个点为0。使用`roots`函数找出我们拟合的多项式函数什么时候到达0值：

```
print "Roots", np.roots(poly)
```

解出多项式的根为：

```
Roots [35.48624287+30.62717062j 35.48624287-30.62717062j -23.63210575 +0.j]
```

(4) 我们在微积分课程中还学习过求极值的知识——极值可能是函数的最大值或最小值。记住微积分中的结论，这些极值点位于函数的导数为0的位置。使用`polyder`函数对多项式函数求导：

```
der = np.polyder(poly)
print "Derivative", der
```

多项式函数的导函数（仍然是一个多项式函数）的系数如下：

```
Derivative [ 0.00334967 -0.10571635 0.58068464]
```

你看到的这些数字即为导函数的系数。

(5) 求出导数函数的根，即找出原多项式函数的极值点：

```
print "Extremas", np.roots(der)
```

得到的极值点为：

```
Extremas [ 24.47820054 7.08205278]
```

我们来复核一下结果，使用polyval计算多项式函数的值：

```
vals = np.polyval(poly, t)
```

(6) 现在，使用argmax和argmin找出最大值点和最小值点：

```
vals = np.polyval(poly, t)
print np.argmax(vals)
print np.argmin(vals)
```

这将给出如下的结果：

```
7
24
```

与上一步中的结果不完全一致，不过回到第1步可以看到，t是用arange函数定义的。

(7) 绘制源数据和拟合函数如下：

```
plot(t, bhp - vale)
plot(t, vals)
show()
```

生成的折线图如下。

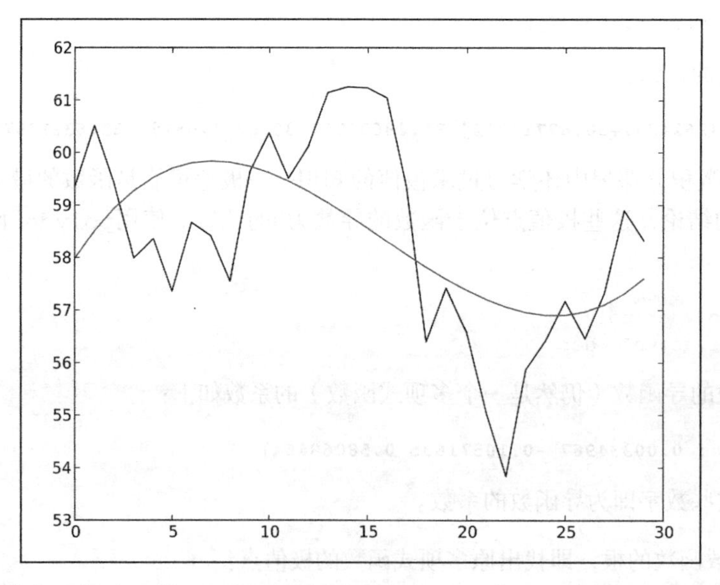

显然，光滑曲线为拟合函数，而锯齿状的为源数据。拟合得不算很好，因此你可以尝试更高阶的多项式拟合。

刚才做了些什么

我们使用polyfit函数对数据进行了多项式拟合。我们学习使用polyval函数计算多项式的取值，使用roots函数求得多项式函数的根，以及polyder函数求解多项式函数的导函数。示例代码见polynomials.py文件。

```
import numpy as np
import sys
from matplotlib.pyplot import plot
from matplotlib.pyplot import show

bhp=np.loadtxt('BHP.csv', delimiter=',', usecols=(6,), unpack=True)

vale=np.loadtxt('VALE.csv', delimiter=',', usecols=(6,), unpack=True)
t = np.arange(len(bhp))
poly = np.polyfit(t, bhp - vale, int(sys.argv[1]))
print "Polynomial fit", poly

print "Next value", np.polyval(poly, t[-1] + 1)

print "Roots", np.roots(poly)

der = np.polyder(poly)
print "Derivative", der

print "Extremas", np.roots(der)
vals = np.polyval(poly, t)
print np.argmax(vals)
print np.argmin(vals)

plot(t, bhp - vale)
plot(t, vals)
show()
```

勇敢出发：改进拟合函数

本节中的拟合函数有很多可以改进的地方。尝试使用三次方之外的不同指数，或者考虑在拟合前对数据进行平滑处理。使用移动平均线就是一种数据平滑的方法。计算简单移动平均线和指数移动平均线的示例可参阅前面的章节。

4.5 净额成交量

成交量（volume）是投资中一个非常重要的变量，它可以表示价格波动的大小。OBV（On-Balance Volume，净额成交量或叫能量潮指标）是最简单的股价指标之一，它可以由当日收盘价、前一天的收盘价以及当日成交量计算得出。这里我们以前一日为基期计算当日的OBV值（可以认为基期的OBV值为0）。若当日收盘价高于前一日收盘价，则本日OBV等于基期OBV加上当日成交量。若当日收盘价低于前一日收盘价，则本日OBV等于基期OBV减去当日成交量。若当日收盘价相比前一日没有变化，则当日成交量以0计算。

4.6　动手实践：计算 OBV

换言之，我们需要在成交量前面乘上一个由收盘价变化决定的正负号。在本节教程中，我们将学习该问题的两种解决方法，一种是使用NumPy中的sign函数，另一种是使用NumPy的piecewise函数。

(1) 把BHP数据分别加载到收盘价和成交量的数组中：

```
c, v=np.loadtxt('BHP.csv', delimiter=',', usecols=(6, 7), unpack=True)
```

为了判断计算中成交量前的正负号，我们先使用diff函数计算收盘价的变化量。diff函数可以计算数组中两个连续元素的差值，并返回一个由这些差值组成的数组：

```
change = np.diff(c)
print "Change", change
```

收盘价差值的计算结果如下：

```
Change [ 1.92 -1.08 -1.26 0.63 -1.54 -0.28 0.25 -0.6 2.15 0.69 -1.33 1.16
    1.59 -0.26 -1.29 -0.13 -2.12 -3.91 1.28 -0.57 -2.07 -2.07 2.5 1.18
-0.88 1.31 1.24 -0.59]
```

(2) NumPy中的sign函数可以返回数组中每个元素的正负符号，数组元素为负时返回-1，为正时返回1，否则返回0。对change数组使用sign函数：

```
signs = np.sign(change)
print "Signs", signs
```

change数组中各元素的正负符号如下所示：

```
Signs [ 1. -1. -1. 1. -1. -1. 1. -1. 1. 1. -1. 1. 1. -1. -1. -1. -1. -1. -1. -1. -1.
1. 1. 1. -1. 1. 1. -1.]
```

另外，我们也可以使用piecewise函数来获取数组元素的正负。顾名思义，piecewise[①]函数可以分段给定取值。使用合适的返回值和对应的条件调用该函数：

```
pieces = np.piecewise(change, [change < 0, change > 0], [-1, 1])
print "Pieces", pieces
```

再次输出数组元素的正负，结果如下：

```
Pieces [ 1. -1. -1. 1. -1. -1. 1. -1. 1. 1. -1. 1. 1. -1. -1. -1. -1. -1. -1. -1. -1.
1. 1. 1. -1. 1. 1. -1.]
```

① 英语中piecewise意为“分段的”。——译者注

检查两次的输出是否一致：

```
print "Arrays equal?", np.array_equal(signs, pieces)
```

结果如下：

```
Arrays equal? True
```

(3) OBV值的计算依赖于前一日的收盘价，所以在我们的例子中无法计算首日的OBV值：

```
print "On balance volume", v[1:] * signs
```

计算结果如下：

```
[2620800.  -2461300. -3270900.  2650200. -4667300. -5359800.  7768400.
-4799100.   3448300.  4719800. -3898900.  3727700.  3379400. -2463900.
-3590900.  -3805000. -3271700. -5507800.  2996800. -3434800. -5008300.
-7809799.   3947100.  3809700.  3098200. -3500200.  4285600.  3918800.
-3632200.]
```


刚才做了些什么

我们刚刚计算了OBV值，它依赖于收盘价的变化量。我们分别使用了NumPy中的sign函数和piecewise函数这两种不同的方法来判断收盘价变化量的正负。示例代码见obv.py文件.

```
import numpy as np

c, v=np.loadtxt('BHP.csv', delimiter=',', usecols=(6, 7), unpack=True)

change = np.diff(c)
print "Change", change

signs = np.sign(change)
print "Signs", signs

pieces = np.piecewise(change, [change < 0, change > 0], [-1, 1])
print "Pieces", pieces

print "Arrays equal?", np.array_equal(signs, pieces)

print "On balance volume", v[1:] * signs
```

4.7　交易过程模拟

你可能经常想尝试干一些事情，做一些实验，但又不希望造成任何不良后果。而NumPy就是用于实验的完美工具。我们将使用NumPy来模拟一个交易日，当然，这不会造成真正的资金损失。许多人喜欢抄底，也就是等股价下跌后才买入。类似的还有当股价比当日开盘价下跌一小部分(比如0.1%）时买入。

4.8　动手实践：避免使用循环

使用vectorize函数可以减少你的程序中使用循环的次数。我们将用它来计算单个交易日的利润。

(1) 首先，读入数据：

```
o, h, l, c = np.loadtxt('BHP.csv', delimiter=',', usecols=(3, 4, 5, 6), unpack=True)
```

(2) NumPy中的vectorize函数相当于Python中的map函数。调用vectorize函数并给定calc_profit函数作为参数，尽管我们还没有编写这个函数：

```
func = np.vectorize(calc_profit)
```

(3) 我们现在可以先把func当做函数来使用。对股价数组使用我们得到的func函数:

```
profits = func(o, h, l, c)
```

(4) calc_profit函数非常简单。首先，我们尝试以比开盘价稍低一点的价格买入股票。如果这个价格不在当日的股价范围内，则尝试买入失败，没有获利，也没有亏损，我们均返回0。否则，我们将以当日收盘价卖出，所获得的利润即买入和卖出的差价。事实上，计算相对利润更为直观：

```
def calc_profit((open, high, low, close):
  # 以比开盘价稍低的价格买入
  buy = open * float(sys.argv[1])
  # daily range
  if low < buy < high :
    return (close - buy)/buy
  else:
    return 0
print "Profits", profits
```

(5) 在所有交易日中有两个零利润日，即没有利润也没有损失。我们选择非零利润的交易日并计算平均值：

```
real_trades = profits[profits != 0]
print "Number of trades", len(real_trades), round(100.0 * len(real_trades)/len(c), 2),"%"
print "Average profit/loss %", round(np.mean(real_trades) * 100, 2)
```

交易结果如下：

```
Number of trades 28 93.33 %
Average profit/loss % 0.02
```

(6) 乐观的人们对于正盈利的交易更感兴趣。选择正盈利的交易日并计算平均利润：

```
winning_trades = profits[profits > 0]
print "Number of winning trades", len(winning_trades),
round(100.0 * len(winning_trades)/len(c), 2), "%"
```

```
print "Average profit %", round(np.mean(winning_trades) * 100, 2)
```

正盈利交易的分析结果如下：

```
Number of winning trades 16 53.33 %
Average profit % 0.72
```

(7) 悲观的人们对于负盈利的交易更感兴趣。选择负盈利的交易日并计算平均损失：

```
losing_trades = profits[profits < 0]
print "Number of losing trades", len(losing_trades),
round(100.0 * len(losing_trades)/len(c), 2), "%"
print "Average loss %", round(np.mean(losing_trades) * 100, 2)
```

负盈利交易的分析结果如下：

```
Number of losing trades 12 40.0 %
Average loss % -0.92
```


刚才做了些什么

我们矢量化了一个函数，这是一种可以避免使用循环的技巧。我们使用一个能返回当日相对利润的函数来模拟一个交易日，并分别打印出正盈利和负盈利交易的概况。示例代码见simulation.py文件。

```
import numpy as np
import sys

o, h, l, c = np.loadtxt('BHP.csv', delimiter=',', usecols=(3, 4, 5, 6), unpack=True)

def calc_profit(open, high, low, close):
  # 在开盘时买入
  buy = open * float(sys.argv[1])

  # 当日股价区间
  if low < buy < high:
    return (close - buy)/buy
  else:
    return 0

func = np.vectorize(calc_profit)
profits = func(o, h, l, c)
print "Profits", profits

real_trades = profits[profits != 0]
print "Number of trades", len(real_trades), round(100.0 * len(real_ trades)/len(c),
2), "%"
print "Average profit/loss %", round(np.mean(real_trades) * 100, 2)

winning_trades = profits[profits > 0]
print "Number of winning trades", len(winning_trades), round(100.0 *
len(winning_trades)/len(c), 2), "%"
```

```
print "Average profit %", round(np.mean(winning_trades) * 100, 2)

losing_trades = profits[profits < 0]
print "Number of losing trades", len(losing_trades), round(100.0 *
len(losing_trades)/len(c), 2), "%"
print "Average loss %", round(np.mean(losing_trades) * 100, 2)
```

勇敢出发：分析连续盈利和亏损

尽管平均利润为正值，但我们仍需要了解这段过程中是否有长期连续亏损的状况出现。这一点很重要，因为如果出现了连续亏损，我们可能会面临资本耗尽的情形，那么计算出来的平均利润就不可信了。

请检查是否出现过这样的连续亏损。如果你乐意，也可以检查是否有长时间的连续盈利。

4.9　数据平滑

噪声数据往往很难处理，因此我们通常需要对其进行平滑处理。除了用计算移动平均线的方法，我们还可以使用NumPy中的一个函数来平滑数据。

hanning函数是一个加权余弦的窗函数。在后面的章节中，我们还将更为详细地介绍其他窗函数。

4.10　动手实践：使用 hanning 函数平滑数据

我们将使用hanning函数平滑股票收益率的数组，步骤如下。

(1) 调用hanning函数计算权重，生成一个长度为N的窗口（在这个示例中N取8）：

```
N = int(sys.argv[1])
weights = np.hanning(N)
print "Weights", weights
```

得到的权重如下：

```
Weights [ 0.          0.1882551   0.61126047  0.95048443  0.95048443  0.61126047
   0.1882551   0.        ]
```

(2) 使用convolve函数计算BHP和VALE的股票收益率，以归一化处理后的weights作为参数：

```
bhp = np.loadtxt('BHP.csv', delimiter=',', usecols=(6,),unpack=True)
bhp_returns = np.diff(bhp) / bhp[ : -1]
smooth_bhp = np.convolve(weights/weights.sum(), bhp_returns) [N-1:-N+1]
vale = np.loadtxt('VALE.csv', delimiter=',', usecols=(6,),unpack=True)
vale_returns = np.diff(vale) / vale[ : -1]
smooth_vale = np.convolve(weights/weights.sum(), vale_returns) [N-1:-N+1]
```

(3) 用Matplotlib绘图：

```
t = np.arange(N - 1, len(bhp_returns))
plot(t, bhp_returns[N-1:], lw=1.0)
plot(t, smooth_bhp, lw=2.0)
plot(t, vale_returns[N-1:], lw=1.0)
plot(t, smooth_vale, lw=2.0)
show()
```

绘制的折线图如下。

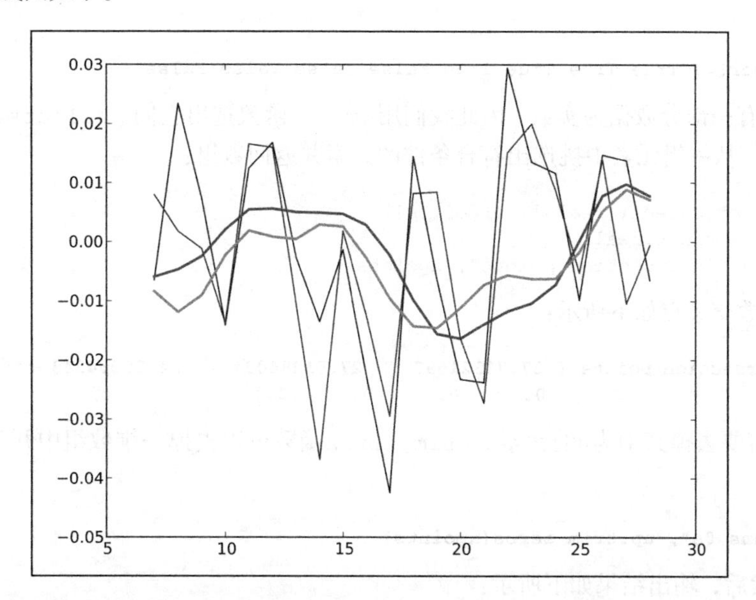

图中的细线为股票收益率，粗线为平滑处理后的结果。如你所见，图中的折线有交叉。这些交叉点很重要，因为它们可能就是股价趋势的转折点，至少可以表明BHP和VALE之间的股价关系发生了变化。这些转折点可能会经常出现，我们可以利用它们预测未来的股价走势。

(4) 使用多项式拟合平滑后的数据：

```
K = int(sys.argv[1])
t = np.arange(N - 1, len(bhp_returns))
poly_bhp = np.polyfit(t, smooth_bhp, K)
poly_vale = np.polyfit(t, smooth_vale, K)
```

(5) 现在，我们需要解出上面的两个多项式何时取值相等，即在哪些地方存在交叉点。这等价于先对两个多项式函数作差，然后对所得的多项式函数求根。使用polysub函数对多项式作差：

```
poly_sub = np.polysub(poly_bhp, poly_vale)
xpoints = np.roots(poly_sub)
print "Intersection points", xpoints
```

解出的交叉点如下：

```
Intersection points [ 27.73321597+0.j        27.51284094+0.j    24.32064343+0.j
18.86423973+0.j          12.43797190+1.73218179j    12.43797190-1.73218179j
6.34613053+0.62519463j    6.34613053-0.62519463j]
```

(6) 得到的结果为复数，这不利于我们后续处理，除非时间也有实部和虚部。因此，这里需要用isreal函数来判断数组元素是否为实数：

```
reals = np.isreal(xpoints)
print "Real number?", reals
```

结果如下：

```
Real number? [ True True True True False False False False]
```

可以看到有一部分数据为实数，因此我们用select函数选出它们。select函数可以根据一组给定的条件，从一组元素中挑选出符合条件的元素并返回数组：

```
xpoints = np.select([reals], [xpoints])
xpoints = xpoints.real
print "Real intersection points", xpoints
```

得到的实数交叉点如下所示：

```
Real intersection points [ 27.73321597    27.51284094    24.32064343    18.86423973
                           0.       0.       0.       0.]
```

(7) 我们需要去掉其中为0的元素。trim_zeros函数可以去掉一维数组中开头和末尾为0的元素：

```
print "Sans 0s", np.trim_zeros(xpoints)
```

去掉0元素后，输出结果如下所示：

```
Sans 0s [ 27.73321597 27.51284094 24.32064343 18.86423973]
```

刚才做了些什么

我们使用hanning函数对股票收益率数组进行了平滑处理，使用polysub函数对两个多项式作差运算，以及使用isreal函数判断数组元素是否为实数，并用select函数选出了实数元素。最后，我们用trim_zeros函数去掉数组首尾的0元素。示例代码见smoothing.py文件。

```
import numpy as np
import sys
from matplotlib.pyplot import plot
from matplotlib.pyplot import show

N = int(sys.argv[1])

weights = np.hanning(N)
print "Weights", weights
```

```
bhp = np.loadtxt('BHP.csv', delimiter=',', usecols=(6,), unpack=True)
bhp_returns = np.diff(bhp) / bhp[ : -1]
smooth_bhp = np.convolve(weights/weights.sum(), bhp_returns)[N-1: -N+1]

vale = np.loadtxt('VALE.csv', delimiter=',', usecols=(6,), un pack=True)
vale_returns = np.diff(vale) / vale[ : -1]
smooth_vale = np.convolve(weights/weights.sum(), vale_returns)[N-1: -N+1]

K = int(sys.argv[1])
t = np.arange(N - 1, len(bhp_returns))
poly_bhp = np.polyfit(t, smooth_bhp, K)
poly_vale = np.polyfit(t, smooth_vale, K)

poly_sub = np.polysub(poly_bhp, poly_vale)
xpoints = np.roots(poly_sub)
print "Intersection points", xpoints

reals = np.isreal(xpoints)
print "Real number?", reals

xpoints = np.select([reals], [xpoints])
xpoints = xpoints.real
print "Real intersection points", xpoints
print "Sans 0s", np.trim_zeros(xpoints)

plot(t, bhp_returns[N-1:], lw=1.0)
plot(t, smooth_bhp, lw=2.0)

plot(t, vale_returns[N-1:], lw=1.0)
plot(t, smooth_vale, lw=2.0)
show()
```

勇敢出发：尝试各种平滑函数

请尝试使用其他的平滑函数，如hamming、blackman、bartlett以及kaiser。它们的使用方法和hanning函数类似。

4.11 本章小结

在本章中，我们使用corrcoef函数计算了两只股票收益率的相关性。另外，我们还顺便学习了diagonal和trace函数的用法，分别可以给出矩阵的对角线元素和矩阵的迹。

我们使用polyfit函数拟合一系列数据点，用polyval函数计算多项式函数的取值，roots函数求解多项式的根，以及polyder函数求解多项式函数的导函数。

希望通过本章的内容，可以帮助读者提高工作效率，以便更好地学习下一章中矩阵和通用函数（ufuncs）的相关内容。

第5章

矩阵和通用函数

本章我们将学习矩阵和**通用函数**（universal functions，即**ufuncs**）的相关内容。矩阵作为一种重要的数学概念，在NumPy中也有专门的表示方法。通用函数可以逐个处理数组中的元素，也可以直接处理标量。通用函数的输入是一组标量，输出也是一组标量，它们通常可以对应于基本数学运算，如加、减、乘、除等。我们还将介绍三角函数、位运算函数和比较函数。

本章涵盖以下内容：

- 矩阵创建；
- 矩阵运算；
- 基本通用函数；
- 三角函数；
- 位运算函数；
- 比较函数。

5.1 矩阵

在NumPy中，矩阵是ndarray的子类，可以由专用的字符串格式来创建。与数学概念中的矩阵一样，NumPy中的矩阵也是二维的。如你所料，矩阵的乘法运算和NumPy中的普通乘法运算不同。幂运算当然也不一样。我们可以使用mat、matrix以及bmat函数来创建矩阵。

5.2 动手实践：创建矩阵

mat函数创建矩阵时，若输入已为matrix或ndarray对象，则不会为它们创建副本。因此，调用mat函数和调用matrix(data, copy=False)等价。我们还将展示矩阵转置和矩阵求逆的方法。

(1) 在创建矩阵的专用字符串中，矩阵的行与行之间用分号隔开，行内的元素之间用空格隔开。使用如下的字符串调用mat函数创建矩阵：

```
A = np.mat('1 2 3; 4 5 6; 7 8 9')
print "Creation from string", A
```

输出的矩阵如下：

```
Creation from string [[1 2 3]
 [4 5 6]
 [7 8 9]]
```

(2) 用T属性获取转置矩阵：

```
print "transpose A", A.T
```

转置矩阵如下：

```
transpose A [[1 4 7]
[2 5 8]
[3 6 9]]
```

(3) 用I属性获取逆矩阵：

```
print "Inverse A", A.I
```

求得的逆矩阵如下（注意：计算复杂度为O(n3)）：

```
Inverse A [[ -4.50359963e+15 9.00719925e+15 -4.50359963e+15]
  [ 9.00719925e+15 -1.80143985e+16 9.00719925e+15]
  [ -4.50359963e+15 9.00719925e+15 -4.50359963e+15]]
```

(4) 除了使用字符串创建矩阵以外，我们还可以使用NumPy数组进行创建：

```
print "Creation from array", np.mat(np.arange(9).reshape(3, 3))
```

创建的矩阵如下：

```
Creation from array [[0 1 2]
  [3 4 5]
  [6 7 8]]
```

刚才做了些什么

我们使用mat函数创建了矩阵，用T属性获取了转置矩阵，用I属性获取了逆矩阵。示例代码见matrixcreation.py文件。

```
import numpy as np

A = np.mat('1 2 3; 4 5 6; 7 8 9')
print "Creation from string", A
```

```
print "transpose A", A.T
print "Inverse A", A.I
print "Check Inverse", A * A.I

print "Creation from array", np.mat(np.arange(9).reshape(3, 3))
```

5.3　从已有矩阵创建新矩阵

有些时候，我们希望利用一些已有的较小的矩阵来创建一个新的大矩阵。这可以用bmat函数来实现。这里的b表示“分块”，bmat即分块矩阵（block matrix）。

5.4　动手实践：从已有矩阵创建新矩阵

我们将利用两个较小的矩阵创建一个新的矩阵，步骤如下。

(1) 首先，创建一个2×2的单位矩阵：

```
A = np.eye(2)
print "A", A
```

该单位矩阵如下所示：

```
A [[ 1. 0.]
   [ 0. 1.]]
```

创建另一个与A同型的矩阵，并乘以2：

```
B = 2 * A
print "B", B
```

第二个矩阵如下所示：

```
B [[ 2. 0.]
   [ 0. 2.]]
```

(2) 使用字符串创建复合矩阵，该字符串的格式与mat函数中一致，只是在这里你可以用矩阵变量名代替数字：

```
print "Compound matrix\n", np.bmat("A B; A B")
```

创建的复合矩阵如下所示：

```
Compound matrix
[[ 1. 0. 2. 0.]
 [ 0. 1. 0. 2.]
 [ 1. 0. 2. 0.]
 [ 0. 1. 0. 2.]]
```

刚才做了些什么

我们使用bmat函数，从两个小矩阵创建了一个分块复合矩阵。我们用矩阵变量名替代了数字，并将字符串传给bmat函数。示例代码见bmatcreation.py文件。

```
import numpy as np

A = np.eye(2)
print "A", A
B = 2 * A
print "B", B
print "Compound matrix\n", np.bmat("A B; A B")
```

突击测验：使用字符串定义矩阵

问题1　在使用mat和bmat函数创建矩阵时，需要输入字符串来定义矩阵。在字符串中，以下哪一个英文标点符号是矩阵的行分隔符？

(1) 分号 “;”
(2) 冒号 “:”
(3) 逗号 “,”
(4) 空格 “ ”

5.5　通用函数

通用函数的输入是一组标量，输出也是一组标量，它们通常可以对应于基本数学运算，如加、减、乘、除等。

5.6　动手实践：创建通用函数

我们可以使用NumPy中的frompyfunc函数，通过一个Python函数来创建通用函数，步骤如下。

(1) 定义一个回答宇宙、生命及万物的终极问题的Python函数（问题和答案来源于《银河系漫游指南》，如果你没看过，可以忽略）：

```
def ultimate_answer(a):
```

到这里为止还没有什么特别的。我们将这个函数命名为ultimate_answer，并为之定义了一个参数a。

(2) 使用zeros_like函数创建一个和a形状相同，并且元素全部为0的数组result：

```
result = np.zeros_like(a)
```

(3) 现在，我们将刚刚生成的数组中的所有元素设置为“终极答案”其值为42，并返回这个结果。完整的函数代码如下所示。flat属性为我们提供了一个扁平迭代器，可以逐个设置数组元素的值：

```
def ultimate_answer(a):
    result = np.zeros_like(a)
    result.flat = 42
    return result
```

(4) 使用frompyfunc创建通用函数。指定输入参数的个数为1，随后的1为输出参数的个数：

```
ufunc = np.frompyfunc(ultimate_answer, 1, 1)
print "The answer", ufunc(np.arange(4))
```

输出结果如下所示：

```
The answer [42 42 42 42]
```

我们可以对二维数组进行完全一样的操作，代码如下：

```
print "The answer", ufunc(np.arange(4).reshape(2, 2))
```

输出结果如下所示：

```
The answer [[42 42]
            [42 42]]
```

刚才做了些什么

我们定义了一个Python函数。其中，我们使用zeros_like函数根据输入参数的形状初始化一个全为0的数组，然后利用ndarray对象的flat属性将所有的数组元素设置为“终极答案”其值为42。示例代码见answer42.py文件。

```
import numpy as np

def ultimate_answer(a):
    result = np.zeros_like(a)
    result.flat = 42

    return result

ufunc = np.frompyfunc(ultimate_answer, 1, 1)
print "The answer", ufunc(np.arange(4))

print "The answer", ufunc(np.arange(4).reshape(2, 2))
```

5.7　通用函数的方法

函数竟然也可以拥有方法？如前所述，其实通用函数并非真正的函数，而是能够表示函数的对象。通用函数有四个方法，不过这些方法只对输入两个参数、输出一个参数的ufunc对象有效，例如add函数。其他不符合条件的ufunc对象调用这些方法时将抛出ValueError异常。因此只能在二元通用函数上调用这些方法。以下将逐一介绍这4个方法：

- reduce
- accumulate
- reduceat
- outer

5.8 动手实践：在 add 上调用通用函数的方法

我们将在add函数上分别调用4个方法。

(1) 沿着指定的轴，在连续的数组元素之间递归调用通用函数，即可得到输入数组的规约（reduce）计算结果。对于add函数，其对数组的reduce计算结果等价于对数组元素求和。调用reduce方法：

```
a = np.arange(9)
print "Reduce", np.add.reduce(a)
```

计算结果如下：

```
Reduce 36
```

(2) accumulate方法同样可以递归作用于输入数组。但是与reduce方法不同的是，它将存储运算的中间结果并返回。因此在add函数上调用accumulate方法，等价于直接调用cumsum函数。在add函数上调用accumulate方法：

```
print "Accumulate", np.add.accumulate(a)
```

计算结果如下：

```
Accumulate [ 0 1 3 6 10 15 21 28 36]
```

(3) reduceat方法解释起来有点复杂，我们先运行一次，再一步一步来看它的算法。reduceat方法需要输入一个数组以及一个索引值列表作为参数。

```
print "Reduceat", np.add.reduceat(a, [0, 5, 2, 7])
```

运行结果如下：

```
Reduceat [10 5 20 15]
```

第一步用到索引值列表中的0和5，实际上就是对数组中索引值在0到5之间的元素进行reduce操作。

```
print "Reduceat step I", np.add.reduce(a[0:5])
```

第一步的输出如下：

```
Reduceat step I 10
```

第二步用到索引值5和2。由于2比5小，所以直接返回索引值为5的元素：

```
print "Reduceat step II", a[5]
```

第二步的结果如下：

```
Reduceat step II 5
```

第三步用到索引值2和7。这一步是对索引值在2到7之间的数组元素进行reduce操作：

```
print "Reduceat step III", np.add.reduce(a[2:7])
```

第三步的结果如下：

```
Reduceat step III 20
```

第四步用到索引值7。这一步是对索引值从7开始直到数组末端的元素进行reduce操作：

```
print "Reduceat step IV", np.add.reduce(a[7:])
```

第四步的结果如下：

```
Reduceat step IV 15
```

(4) outer方法返回一个数组，它的秩（rank）等于两个输入数组的秩的和。它会作用于两个输入数组之间存在的所有元素对。在add函数上调用outer方法：

```
print "Outer", np.add.outer(np.arange(3), a)
```

输出结果如下：

```
Outer [[ 0  1  2  3  4  5  6  7  8]
       [ 1  2  3  4  5  6  7  8  9]
       [ 2  3  4  5  6  7  8  9 10]]
```

刚才做了些什么

我们在通用函数add上调用了四个方法：reduce、accumulate、reduceat以及outer。示例代码见ufuncmethods.py文件。

```
import numpy as np

a = np.arange(9)

print "Reduce", np.add.reduce(a)
```

```
print "Accumulate", np.add.accumulate(a)
print "Reduceat", np.add.reduceat(a, [0, 5, 2, 7])
print "Reduceat step I", np.add.reduce(a[0:5])
print "Reduceat step II", a[5]
print "Reduceat step III", np.add.reduce(a[2:7])
print "Reduceat step IV", np.add.reduce(a[7:])
print "Outer", np.add.outer(np.arange(3), a)
```

5.9 算术运算

在NumPy中，基本算术运算符+、-和*隐式关联着通用函数add、subtract和multiply。也就是说，当你对NumPy数组使用这些算术运算符时，对应的通用函数将自动被调用。除法包含的过程则较为复杂，在数组的除法运算中涉及三个通用函数divide、true_divide和floor_division，以及两个对应的运算符/和//。

5.10 动手实践：数组的除法运算

让我们在实践中了解数组的除法运算。

(1) divide函数在整数和浮点数除法中均只保留整数部分：

```
a = np.array([2, 6, 5])
b = np.array([1, 2, 3])
print "Divide", np.divide(a, b), np.divide(b, a)
```

divide函数的运算结果如下：

```
Divide [2 3 1] [0 0 0]
```

如你所见，运算结果的小数部分被截断了。

(2) true_divide函数与数学中的除法定义更为接近，即返回除法的浮点数结果而不作截断：

```
print "True Divide", np.true_divide(a, b), np.true_divide(b, a)
```

true_divide函数的运算结果如下：

```
True Divide [2.         3.         1.66666667]     [0.5
0.33333333    0.6         ]
```

(3) floor_divide函数总是返回整数结果，相当于先调用divide函数再调用floor函数。floor函数将对浮点数进行向下取整并返回整数：

```
print "Floor Divide", np.floor_divide(a, b), np.floor_divide(b, a) c = 3.14 * b
print "Floor Divide 2", np.floor_divide(c, b), np.floor_divide(b, c)
```

floor_divide函数的运算结果如下：

```
Floor Divide [2 3 1] [0 0 0]
Floor Divide 2 [ 3.   3.   3.] [ 0.   0.   0.]
```

(4) 默认情况下，使用/运算符相当于调用divide函数：

```
from__future__import division
```

但如果在Python程序的开头有上面那句代码，则改为调用true_divide函数。代码如下：

```
print "/ operator", a/b, b/a
```

计算结果如下：

```
/ operator [ 2.          3.          1.66666667]     [ 0.5
0.33333333    0.6         ]
```

(5) 运算符//对应于floor_divide函数。例如下面的代码：

```
print "// operator", a//b, b//a
print "// operator 2", c//b, b//c
```

计算结果如下：

```
// operator [2 3 1] [0 0 0]
// operator 2 [ 3. 3. 3.] [ 0. 0. 0.]
```

刚才做了些什么

我们学习了NumPy中三种不同的除法函数。其中，divide函数在整数和浮点数除法中均只保留整数部分，true_divide函数不作截断返回浮点数结果，而floor_divide函数同样返回整数结果并等价于先调用divide函数再调用floor函数。示例代码见dividing.py文件。

```
from__future__import division
import numpy as np

a = np.array([2, 6, 5])
b = np.array([1, 2, 3])

print "Divide", np.divide(a, b), np.divide(b, a)
print "True Divide", np.true_divide(a, b), np.true_divide(b, a)
print "Floor Divide", np.floor_divide(a, b), np.floor_divide(b, a)
c = 3.14 * b
print "Floor Divide 2", np.floor_divide(c, b), np.floor_divide(b, c)
print "/ operator", a/b, b/a
print "// operator", a//b, b//a
print "// operator 2", c//b, b//c
```

勇敢出发：尝试__future__.division

动手实验，验证引入__future__.division的效果。

5.11 模运算

计算模数或者余数，可以使用NumPy中的mod、remainder和fmod函数。当然，也可以使用%运算符。这些函数的主要差异在于处理负数的方式。fmod函数在这方面异于其他函数。

5.12 动手实践：模运算

我们将逐一调用前面提到的函数。

(1) remainder函数逐个返回两个数组中元素相除后的余数。如果第二个数字为0，则直接返回0：

```
a = np.arange(-4, 4)
print "Remainder", np.remainder(a, 2)
```

计算结果如下：

```
Remainder [0 1 0 1 0 1 0 1]
```

(2) mod函数与remainder函数的功能完全一致：

```
print "Mod", np.mod(a, 2)
```

计算结果如下：

```
Mod [0 1 0 1 0 1 0 1]
```

(3) %操作符仅仅是remainder函数的简写：

```
print "% operator", a % 2
```

计算结果如下：

```
% operator [0 1 0 1 0 1 0 1]
```

(4) fmod函数处理负数的方式与remainder、mod和%不同。所得余数的正负由被除数决定，与除数的正负无关：

```
print "Fmod", np.fmod(a, 2)
```

计算结果如下：

```
Fmod [ 0 -1 0 -1 0 1 0 1]
```

刚才做了些什么

我们学习了NumPy中的mod、remainder和fmod等模运算函数。示例代码见modulo.py文件。

```
import numpy as np

a = np.arange(-4, 4)

print "Remainder", np.remainder(a, 2)
print "Mod", np.mod(a, 2)
print "% operator", a % 2
print "Fmod", np.fmod(a, 2)
```

5.13　斐波那契数列

斐波那契（Fibonacci）数列是基于递推关系生成的。直接用NumPy代码来解释递推关系是比较麻烦的，不过我们可以用矩阵的形式或者黄金分割公式来解释它。因此，我们将介绍`matrix`和`rint`函数。使用`matrix`函数创建矩阵，`rint`函数对浮点数取整，但结果仍为浮点数类型。

5.14　动手实践：计算斐波那契数列

斐波那契数列的递推关系可以用矩阵来表示。斐波那契数列的计算等价于矩阵的连乘。

(1) 创建斐波那契矩阵：

```
F = np.matrix([[1, 1], [1, 0]])
print "F", F
```

创建的斐波那契矩阵如下所示：

```
F [[1 1]
   [1 0]]
```

(2) 计算斐波那契数列中的第8个数，即矩阵的幂为8减去1。计算出的斐波那契数位于矩阵的对角线上：

```
print "8th Fibonacci", (F ** 7)[0, 0]
```

输出的第8个斐波那契数为：

```
8th Fibonacci 21
```

(3) 利用黄金分割公式或通常所说的比奈公式（Binet' s Formula），加上取整函数，就可以直接计算斐波那契数。计算前8个斐波那契数：

```
n = np.arange(1, 9)
sqrt5 = np.sqrt(5)
phi = (1 + sqrt5)/2
fibonacci = np.rint((phi**n - (-1/phi)**n)/sqrt5)
print "Fibonacci", fibonacci
```

输出的斐波那契数为：

```
Fibonacci [    1.    1.    2.    3.    5.    8.    13.    21.]
```

刚才做了些什么

我们分别用两种方法计算了斐波那契数列。在这个过程中，我们学习使用`matrix`函数创建矩阵，以及使用`rint`函数对浮点数取整但不改变浮点数类型。示例代码见fibonacci.py文件。

```
import numpy as np

F = np.matrix([[1, 1], [1, 0]])
print "F", F
print "8th Fibonacci", (F ** 7)[0, 0]
n = np.arange(1, 9)

sqrt5 = np.sqrt(5)
phi = (1 + sqrt5)/2
fibonacci = np.rint((phi**n - (-1/phi)**n)/sqrt5)
print "Fibonacci", fibonacci
```

勇敢出发：分析计算耗时

你可能很想知道究竟哪种方法计算更快，那就分析一下它们的耗时吧。使用`frompyfunc`创建一个计算斐波那契数列的通用函数，并进行计时。

5.15 利萨茹曲线

在NumPy中，所有的标准三角函数如sin、cos、tan等均有对应的通用函数。利萨茹曲线（Lissajous curve）是一种很有趣的使用三角函数的方式。我至今仍记得在物理实验室的示波器上显示出利萨茹曲线时的情景。利萨茹曲线由以下参数方程定义：

```
x = A sin(at + n/2)
y = B sin(bt)
```

5.16 动手实践：绘制利萨茹曲线

利萨茹曲线的参数包括`A`、`B`、`a`和`b`。为简单起见，我们令`A`和`B`均为1。

(1) 使用`linspace`函数初始化变量`t`，即从`-pi`到`pi`上均匀分布的`201`个点：

```
a = float(sys.argv[1])
b = float(sys.argv[2])
t = np.linspace(-np.pi, np.pi, 201)
```

(2) 使用`sin`函数和NumPy常量`pi`计算变量`x`：

```
x = np.sin(a * t + np.pi/2)
```

(3) 使用sin函数计算变量y：

```
y = np.sin(b * t)
```

(4) 我们将在第9章中详细讲解Matplotlib的用法。绘制的曲线如下所示。

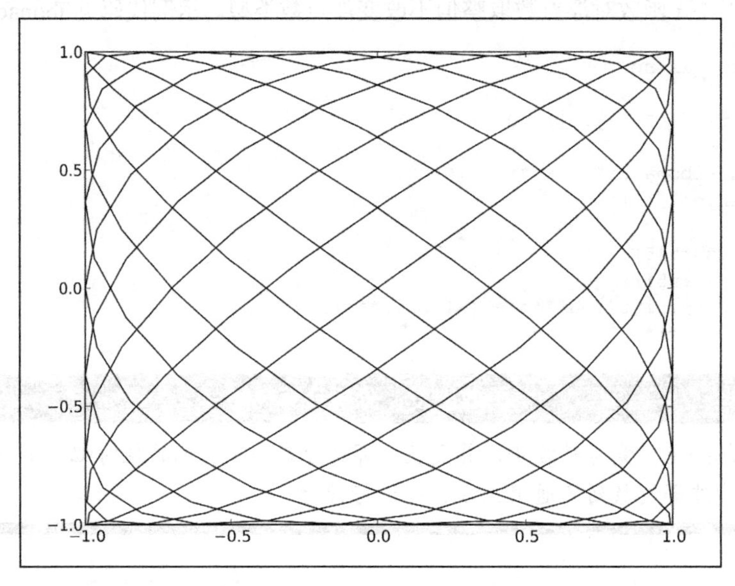


```
plot(x, y)
show()
```

这里设置的参数为a=9，b=8。

刚才做了些什么

我们根据参数方程的定义，以参数A=B=1、a=9和b=8绘制了利萨茹曲线。我们还使用了sin和linspace函数，以及NumPy常量pi。示例代码见lissajous.py文件。

```
import numpy as np
from matplotlib.pyplot import plot
from matplotlib.pyplot import show
import sys

a = float(sys.argv[1])
b = float(sys.argv[2])
t = np.linspace(-np.pi, np.pi, 201)
x = np.sin(a * t + np.pi/2)
y = np.sin(b * t)
plot(x, y)
show()
```

5.17 方波

方波也是一种可以在示波器上显示的波形。方波可以近似表示为多个正弦波的叠加。事实上，任意一个方波信号都可以用无穷傅里叶级数来表示。

傅里叶级数（Fourier series）是以正弦函数和余弦函数为基函数的无穷级数，以著名的法国数学家Jean-Baptiste Fourier命名。

方波可以表示为如下的傅里叶级数。

$$\sum_{k=1}^{\infty} \frac{4\sin((2k-1)t)}{(2k-1)\pi}$$

5.18 动手实践：绘制方波

与前面的教程中一样，我们仍将以相同的方式初始化t和k。我们需要累加很多项级数，且级数越多结果越精确，这里取k=99以保证足够的精度。绘制方波的步骤如下。

(1) 我们从初始化t和k开始，并将函数值初始化为0：

```
t = np.linspace(-np.pi, np.pi, 201)
k = np.arange(1, float(sys.argv[1]))
k = 2 * k - 1
f = np.zeros_like(t)
```

(2) 接下来，直接使用sin和sum函数进行计算：

```
for i in range(len(t)):
  f[i] = np.sum(np.sin(k * t[i])/k)
f = (4 / np.pi) * f
```

(3) 绘制波形的代码和前面的教程中几乎一模一样：

```
plot(t, f)
show()
```

采用k=99绘制出的方波曲线如下所示。

刚才做了些什么

我们使用sin函数生成了一个方波，或者起码是非常接近于方波的波形。函数的输入值是用

`linspace`产生的，而一组`k`值是用`arange`函数生成的。示例代码见squarewave.py文件。

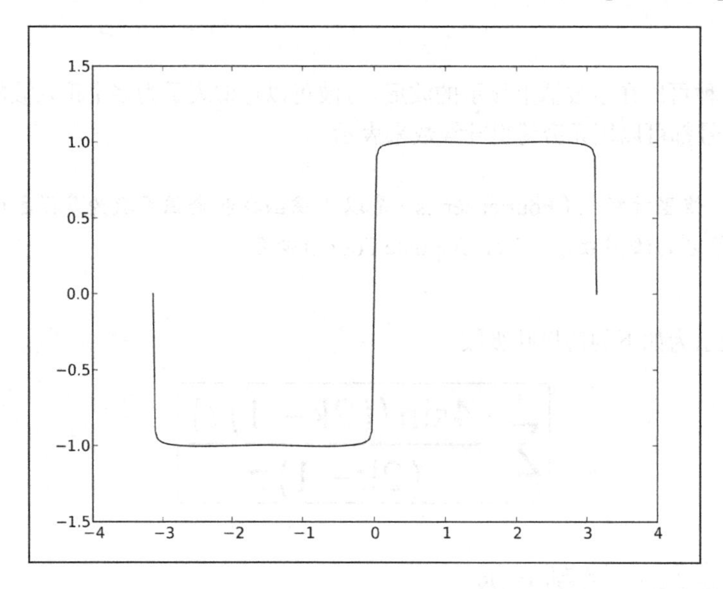

```
import numpy as np
from matplotlib.pyplot import plot
from matplotlib.pyplot import show
import sys

t = np.linspace(-np.pi, np.pi, 201)
k = np.arange(1, float(sys.argv[1]))
k = 2 * k - 1
f = np.zeros_like(t)

for i in range(len(t)):
  f[i] = np.sum(np.sin(k * t[i])/k)

f = (4 / np.pi) * f
plot(t, f)
show()
```

勇敢出发：摆脱循环语句

你可能已经注意到，在代码中有一个循环语句。使用NumPy函数摆脱循环，并确保你的代码性能因此而得到提升。

5.19　锯齿波和三角波

在示波器上，锯齿波和三角波也是常见的波形。和方波类似，我们也可以将它们表示成无穷傅里叶级数。对锯齿波取绝对值即可得到三角波。锯齿波的无穷级数表达式如下：

$$\sum_{k=1}^{\infty} \frac{-2\sin(2\pi k t)}{k\pi}$$

5.20 动手实践：绘制锯齿波和三角波

与前面的教程中一样，我们仍将以相同的方式初始化t和k。同样，取k=99以保证足够的精度。绘制锯齿波和三角波的步骤如下。

(1) 将函数值初始化为0：

```
t = np.linspace(-ny.pi, np.pi, 201)
k = np.arange(1, float(sys.argv[1]))
f = np.zeros_like(t)
```

(2) 同样，直接使用sin和sum函数进行计算：

```
for i in range(len(t)):
  f[i] = np.sum(np.sin(2 * np.pi * k * t[i])/k)
f = (-2 / np.pi) * f
```

(3) 同时绘制锯齿波和三角波并不难，因为三角波函数的取值恰好是锯齿波函数值的绝对值。使用如下代码绘制波形：

```
plot(t, f, lw=1.0)
plot(t, np.abs(f), lw=2.0)
show()
```

在下图中，较粗的曲线为三角波。

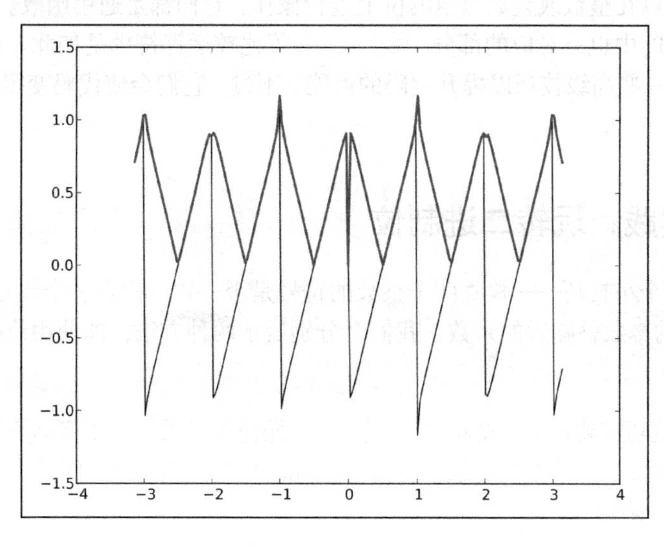

刚才做了些什么

我们使用sin函数绘制了锯齿波。函数的输入值是用linspace产生的，而一组k值是用arange函数生成的。三角波则是对锯齿波取绝对值得到的。示例代码见sawtooth.py文件。

```
import numpy as np
from matplotlib.pyplot import plot
from matplotlib.pyplot import show
import sys

t = np.linspace(-np.pi, np.pi, 201)
k = np.arange(1, float(sys.argv[1]))
f = np.zeros_like(t)

for i in range(len(t)):
    f[i] = np.sum(np.sin(2 * np.pi * k * t[i])/k)
f = (-2 / np.pi) * f
plot(t, f, lw=1.0)
plot(t, np.abs(f), lw=2.0)
show()
```

勇敢出发：摆脱循环语句

你是否愿意接受挑战，摆脱代码中的循环语句？使用NumPy函数应该可以完成这个任务，并且代码性能可以翻倍。

5.21　位操作函数和比较函数

位操作函数可以在整数或整数数组的位上进行操作，它们都是通用函数。^、&、|、<<、>>等位操作符在NumPy中也有对应的部分，<、>、==等比较运算符也是如此。有了这些操作符，你可以在代码中玩一些高级技巧以提升代码的性能。不过，它们会使代码变得难以理解，因此需谨慎使用。

5.22　动手实践：玩转二进制位

我们将学习三个小技巧——检查两个整数的符号是否一致，检查一个数是否为2的幂数，以及计算一个数被2的幂数整除后的余数。我们会分别展示两种方法，即使用位操作符和使用相应的NumPy函数。

(1) 第一个小技巧需要用XOR或者^操作符。XOR操作符又被称为不等运算符，因此当两个操作数的符号不一致时，XOR操作的结果为负数。在NumPy中，^操作符对应于bitwise_xor函数，<操作符对应于less函数。

```
x = np.arange(-9, 9)
y = -x
print "Sign different?", (x ^ y) < 0
print "Sign different?", np.less(np.bitwise_xor(x, y), 0)
```

结果如下：

```
Sign different? [ True True True True True True True True True False True True True
True True True True True]
Sign different? [ True True True True True True True True True False True True True
True True True True True]
```

不出所料，除了都等于0的情况，所有整数对的符号均相异。

(2) 在二进制数中，2的幂数表示为一个1后面跟一串0的形式，例如10、100、1000等。而比2的幂数小1的数表示为一串二进制的1，例如11、111、1111（即十进制里的3、7、15）等。如果我们在2的幂数以及比它小1的数之间执行位与操作AND，那么应该得到0。在NumPy中，&操作符对应于bitwise_and函数，==操作符对应于equal函数。

```
print "Power of 2?\n", x, "\n", (x & (x - 1)) == 0
print "Power of 2?\n", x, "\n", np.equal(np.bitwise_and(x, (x - 1)), 0)
```

结果如下：

```
Power of 2?
[-9  -8  -7  -6  -5  -4  -3  -2  -1  0  1  2  3  4  5  6  7  8]
[False False False False False False False False False True True
True
False True False False False True]
Power of 2?
[-9  -8  -7  -6  -5  -4  -3  -2  -1  0  1  2  3  4  5  6  7  8]
[False False False False False False False False False True True
True
False True False False False True]
```

(3) 计算余数的技巧实际上只在模为2的幂数（如4、8、16等）时有效。二进制的位左移一位，则数值翻倍。在前一个小技巧中我们看到，将2的幂数减去1可以得到一串1组成的二进制数，如11、111、1111等。这为我们提供了掩码（mask），与这样的掩码做位与操作AND即可得到以2的幂数作为模的余数。在NumPy中，<<操作符对应于left_shift函数。

```
print "Modulus 4\n", x, "\n", x & ((1 << 2) - 1)
print "Modulus 4\n", x, "\n", np.bitwise_and(x, np.left_shift(1, 2) - 1)
```

结果如下：

```
Modulus 4
[-9  -8  -7  -6  -5  -4  -3  -2  -1  0  1  2  3  4  5  6  7  8]
[3  0  1  2  3  0  1  2  3  0  1  2  3  0  1  2  3  0]
Modulus 4
[-9  -8  -7  -6  -5  -4  -3  -2  -1  0  1  2  3  4  5  6  7  8]
[3  0  1  2  3  0  1  2  3  0  1  2  3  0  1  2  3  0]
```

刚才做了些什么

我们学习了三个运用位操作的小技巧——检查两个整数的符号是否一致，检查一个数是否为2的幂数，以及计算一个数被2的幂数整除后的余数。我们看到了NumPy中对应于^、&、<<、<等操作符的通用函数。示例代码见bittwiddling.py文件。

```
import numpy as np

x = np.arange(-9, 9)
y = -x
print "Sign different?", (x ^ y) < 0
print "Sign different?", np.less(np.bitwise_xor(x, y), 0)
print "Power of 2?\n", x, "\n", (x & (x - 1)) == 0
print "Power of 2?\n", x, "\n", np.equal(np.bitwise_and(x, (x - 1)), 0)
print "Modulus 4\n", x, "\n", x & ((1 << 2) - 1)
print "Modulus 4\n", x, "\n", np.bitwise_and(x, np.left_shift(1, 2) - 1)
```

5.23 本章小结

在本章中，我们学习了NumPy中的矩阵和通用函数，包括如何创建矩阵以及通用函数的工作方式。我们还简单介绍了算术运算函数、三角函数、位操作函数和比较函数等通用函数。

下一章中，我们将开始学习NumPy模块的相关内容。

第 6 章

深入学习NumPy模块

NumPy中有很多模块是从它的前身Numeric继承下来的。这些模块有一部分在SciPy中也有对应的部分，并且功能可能更加丰富，我们将在后续章节中讨论相关内容。numpy.dual模块包含同时在NumPy和SciPy中定义的函数。在本章中讨论的模块也属于numpy.dual的一部分。

本章涵盖以下内容：

- linalg模块；
- fft模块；
- 随机数；
- 连续分布和离散分布。

6.1 线性代数

线性代数是数学的一个重要分支。numpy.linalg模块包含线性代数的函数。使用这个模块，我们可以计算逆矩阵、求特征值、解线性方程组以及求解行列式等。

6.2 动手实践：计算逆矩阵

在线性代数中，矩阵A与其逆矩阵A^{-1}相乘后会得到一个单位矩阵I。该定义可以写为$A*A^{-1}=I$。numpy.linalg模块中的inv函数可以计算逆矩阵。我们按如下步骤来对矩阵求逆。

(1) 与前面的教程中一样，我们将使用mat函数创建示例矩阵：

```
A = np.mat("0 1 2;1 0 3;4 -3 8")
print "A\n", A
```

输出的矩阵A如下所示：

```
 A
[[ 0   1  2]
 [ 1   0  3]
 [ 4 -3   8]]
```

(2) 现在，我们使用inv函数计算逆矩阵：

```
inverse = np.linalg.inv(A)
print "inverse of A\n", inverse
```

输出的逆矩阵如下：

```
inverse of  A
[[-4.5  7.   -1.5]
 [-2.   4.   -1. ]
 [ 1.5 -2.    0.5]]
```

如果输入矩阵是奇异的或非方阵[①]，则会抛出LinAlgError异常。我们将此作为练习留给读者，如果你愿意，可以动手尝试一下。

(3) 我们来检查一下原矩阵和求得的逆矩阵相乘的结果：

```
print "Check\n", A * inverse
```

不出所料，结果确实是一个单位矩阵：

```
Check
[[ 1.    0.    0.]
 [ 0.    1.    0.]
 [ 0.    0.    1.]]
```

刚才做了些什么

我们使用numpy.linalg模块中的inv函数计算了逆矩阵，并检查了原矩阵与求得的逆矩阵相乘的结果确为单位矩阵。示例代码见inversion.py文件。

```
import numpy as np

A = np.mat("0 1 2;1 0 3;4 -3 8")
print "A\n", A

inverse = np.linalg.inv(A)
print "inverse of A\n", inverse
```

① 奇异矩阵即行列式等于0的矩阵。方阵即行数与列数一样多的矩阵。——译者注

```
print "Check\n", A * inverse
```

突击测验：如何创建矩阵

问题1 以下哪个函数可以创建矩阵？

(1) array

(2) create_matrix

(3) mat

(4) vector

勇敢出发：创建新矩阵并计算其逆矩阵

请自行创建一个新的矩阵并计算其逆矩阵。注意，你的矩阵必须是方阵且可逆，否则会抛出LinAlgError异常。

6.3 求解线性方程组

矩阵可以对向量进行线性变换，这对应于数学中的线性方程组。numpy.linalg中的函数solve可以求解形如 $Ax = b$ 的线性方程组，其中 A 为矩阵，b 为一维或二维的数组，x 是未知变量。我们将练习使用dot函数，用于计算两个浮点数数组的点积。

6.4 动手实践：求解线性方程组

让我们求解一个线性方程组实例，步骤如下。

(1) 创建矩阵A和数组b：

```
A = np.mat("1 -2 1;0 2 -8;-4 5 9")
print "A\n", A
b = np.array([0, 8, -9])
print "b\n", b
```

矩阵A和数组b如下所示：

```
A
[[ 1 -2  1]
 [ 0  2 -8]
 [-4  5  9]]
b
[ 0  8 -9]
```

(2) 调用solve函数求解线性方程组：

```
x = np.linalg.solve(A, b)
print "Solution", x
```

求解结果如下：

```
Solution [ 29. 16. 3.]
```

(3) 使用dot函数检查求得的解是否正确：

```
print "Check\n", np.dot(A , x)
```

结果和预期的一致：

```
Check
[[ 0. 8. -9.]]
```

刚才做了些什么

我们使用NumPy的linalg模块中的solve函数求解了线性方程组，并使用dot函数验证了求解的正确性。示例代码见solution.py文件。

```
import numpy as np

A = np.mat("1 -2 1;0 2 -8;-4 5 9")
print "A\n", A

b = np.array([0, 8, -9])
print "b\n", b

x = np.linalg.solve(A, b)
print "Solution", x

print "Check\n", np.dot(A , x)
```

6.5　特征值和特征向量

特征值（eigenvalue）即方程 $Ax = ax$ 的根，是一个标量。其中，A 是一个二维矩阵，x 是一个一维向量。特征向量（eigenvector）是关于特征值的向量。在numpy.linalg模块中，eigvals函数可以计算矩阵的特征值，而eig函数可以返回一个包含特征值和对应的特征向量的元组。

6.6　动手实践：求解特征值和特征向量

我们来计算矩阵的特征值和特征向量，步骤如下。

(1) 创建一个矩阵：

```
A = np.mat("3 -2;1 0")
print "A\n", A
```

创建的矩阵如下所示：

```
A
[[ 3 -2]
 [ 1  0]]
```

(2) 调用eigvals函数求解特征值：

```
print "Eigenvalues", np.linalg.eigvals(A)
```

求得的特征值如下：

```
Eigenvalues [ 2. 1.]
```

(3) 使用eig函数求解特征值和特征向量。该函数将返回一个元组，按列排放着特征值和对应的特征向量，其中第一列为特征值，第二列为特征向量。

```
eigenvalues, eigenvectors = np.linalg.eig(A)
print "First tuple of eig", eigenvalues
print "Second tuple of eig\n", eigenvectors
```

求得的特征值和特征向量如下所示：

```
First tuple of eig [ 2. 1.]
Second tuple of eig
[[ 0.89442719 0.70710678]
 [ 0.4472136  0.70710678]]
```

(4) 使用dot函数验证求得的解是否正确。分别计算等式 Ax = ax 的左半部分和右半部分，检查是否相等。

```
for i in range(len(eigenvalues)):
    print "Left", np.dot(A, eigenvectors[:,i])
    print "Right", eigenvalues[i] * eigenvectors[:,i]
    print
```

输出结果如下：

```
Left [[ 1.78885438]
 [ 0.89442719]]
Right [[ 1.78885438]
 [ 0.89442719]]
Left [[ 0.70710678]
 [ 0.70710678]]
Right [[ 0.70710678]
 [ 0.70710678]]
```

6

刚才做了些什么

我们使用numpy.linalg模块中的eigvals和eig函数求解了矩阵的特征值和特征向量，并使用dot函数进行了验证。示例代码见eigenvalues.py文件。

```
import numpy as np

A = np.mat("3 -2;1 0")
print "A\n", A

print "Eigenvalues", np.linalg.eigvals(A)

eigenvalues, eigenvectors = np.linalg.eig(A)
print "First tuple of eig", eigenvalues
print "Second tuple of eig\n", eigenvectors

for i in range(len(eigenvalues)):
    print "Left", np.dot(A, eigenvectors[:,i])
    print "Right", eigenvalues[i] * eigenvectors[:,i]
    print
```

6.7　奇异值分解

SVD（Singular Value Decomposition，奇异值分解）是一种因子分解运算，将一个矩阵分解为3个矩阵的乘积。奇异值分解是前面讨论过的特征值分解的一种推广。在numpy.linalg模块中的svd函数可以对矩阵进行奇异值分解。该函数返回3个矩阵——U、Sigma和V，其中U和V是正交矩阵，Sigma包含输入矩阵的奇异值。

星号表示厄米共轭（Hermitian conjugate）或共轭转置（conjugate transpose）。

6.8　动手实践：分解矩阵

现在，我们来对矩阵进行奇异值分解，步骤如下。

(1) 首先，创建一个矩阵：

```
A = np.mat("4 11 14;8 7 -2")
print "A\n", A
```

创建的矩阵如下所示：

```
A
[[ 4 11 14]
 [ 8 7  -2]]
```

(2) 使用svd函数分解矩阵：

```
U, Sigma, V = np.linalg.svd(A, full_matrices=False)
print "U"
print U
print "Sigma"
print Sigma
print "V"
print V
```

得到的结果包含等式中左右两端的两个正交矩阵U和V，以及中间的奇异值矩阵Sigma：

```
U
[[-0.9486833 -0.31622777]
 [-0.31622777 0.9486833 ]]
Sigma
[ 18.97366596 9.48683298]
V
[[-0.33333333 -0.66666667 -0.66666667]
 [ 0.66666667  0.33333333 -0.66666667]]
```

(3) 不过，我们并没有真正得到中间的奇异值矩阵——得到的只是其对角线上的值，而非对角线上的值均为0。我们可以使用diag函数生成完整的奇异值矩阵。将分解出的3个矩阵相乘，如下所示：

```
print "Product\n", U * np.diag(Sigma) * V
```

相乘的结果如下：

```
Product
[[ 4. 11. 14.]
 [ 8. 7.  -2.]]
```

刚才做了些什么

我们分解了一个矩阵，并使用矩阵乘法验证了分解的结果。我们使用了NumPy linalg模块中的svd函数。示例代码见decomposition.py文件。

```
import numpy as np

A = np.mat("4 11 14;8 7 -2")
print "A\n", A

U, Sigma, V = np.linalg.svd(A, full_matrices=False)

print "U"
print U

print "Sigma"
print Sigma
```

6

```
print "V"
print V

print "Product\n", U * np.diag(Sigma) * V
```

6.9　广义逆矩阵

摩尔·彭罗斯广义逆矩阵（Moore-Penrose pseudoinverse）可以使用numpy.linalg模块中的pinv函数进行求解（广义逆矩阵的具体定义请访问http://en.wikipedia.org/wiki/Moore%E2%80%93Penrose_pseudoinverse）。计算广义逆矩阵需要用到奇异值分解。inv函数只接受方阵作为输入矩阵，而pinv函数则没有这个限制。

6.10　动手实践：计算广义逆矩阵

我们来计算矩阵的广义逆矩阵，步骤如下。

(1) 首先，创建一个矩阵：

```
A = np.mat("4 11 14;8 7 -2")
print "A\n", A
```

创建的矩阵如下所示：

```
A
[[ 4 11 14]
 [ 8 7  -2]]
```

(2) 使用pinv函数计算广义逆矩阵：

```
pseudoinv = np.linalg.pinv(A)
print "Pseudo inverse\n", pseudoinv
```

计算结果如下：

```
Pseudo inverse
[[-0.00555556  0.07222222]
 [ 0.02222222  0.04444444]
 [ 0.05555556 -0.05555556]]
```

(3) 将原矩阵和得到的广义逆矩阵相乘：

```
print "Check", A * pseudoinv
```

得到的结果并非严格意义上的单位矩阵，但非常近似，如下所示：

```
Check [[     1.00000000e+00     0.00000000e+00]
 [     8.32667268e-17     1.00000000e+00]]
```

刚才做了些什么

我们使用numpy.linalg模块中的pinv函数计算了矩阵的广义逆矩阵。在验证时，用原矩阵与广义逆矩阵相乘，得到的结果为一个近似单位矩阵。示例代码见pseudoinversion.py文件。

```
import numpy as np

A = np.mat("4 11 14;8 7 -2")
print "A\n", A

pseudoinv = np.linalg.pinv(A)
print "Pseudo inverse\n", pseudoinv

print "Check", A * pseudoinv
```

6.11 行列式

行列式（determinant）是与方阵相关的一个标量值，在数学中得到广泛应用（更详细的介绍请访问http://en.wikipedia.org/wiki/Determinant）。对于一个$n \times n$的实数矩阵，行列式描述的是一个线性变换对“有向体积”所造成的影响。行列式的值为正表示保持了空间的定向（顺时针或逆时针），为负则表示颠倒了空间的定向。numpy.linalg模块中的det函数可以计算矩阵的行列式。

6.12 动手实践：计算矩阵的行列式

计算矩阵的行列式，步骤如下。

(1) 创建一个矩阵：

```
A = np.mat("3 4;5 6")
print "A\n", A
```

创建的矩阵如下所示：

```
A
[[ 3.  4.]
 [ 5.  6.]]
```

(2) 使用det函数计算行列式：

```
print "Determinant", np.linalg.det(A)
```

计算结果如下：

```
Determinant -2.0
```

刚才做了些什么

我们使用numpy.linalg模块中的det函数计算了矩阵的行列式。示例代码见determinant.py文件。

```
import numpy as np

A = np.mat("3 4;5 6")
print "A\n", A

print "Determinant", np.linalg.det(A)
```

6.13 快速傅里叶变换

FFT（Fast Fourier Transform，快速傅里叶变换）是一种高效的计算DFT（Discrete Fourier Transform，离散傅里叶变换）的算法。FFT算法比根据定义直接计算更快，计算复杂度为$O(N\log N)$。DFT在信号处理、图像处理、求解偏微分方程等方面都有应用。在NumPy中，有一个名为fft的模块提供了快速傅里叶变换的功能。在这个模块中，许多函数都是成对存在的，也就是说许多函数存在对应的逆操作函数。例如，fft和ifft函数就是其中的一对。

6.14 动手实践：计算傅里叶变换

首先，我们将创建一个信号用于变换。计算傅里叶变换的步骤如下。

(1) 创建一个包含30个点的余弦波信号，如下所示：

```
x =  np.linspace(0, 2 * np.pi, 30)
wave = np.cos(x)
```

(2) 使用fft函数对余弦波信号进行傅里叶变换。

```
transformed = np.fft.fft(wave)
```

(3) 对变换后的结果应用ifft函数，应该可以近似地还原初始信号。

```
print np.all(np.abs(np.fft.ifft(transformed) - wave) < 10 ** -9)
```

结果如下：

```
True
```

(4) 使用Matplotlib绘制变换后的信号。

```
plot(transformed)
show()
```

绘制的结果展示了傅里叶变换后的波形。

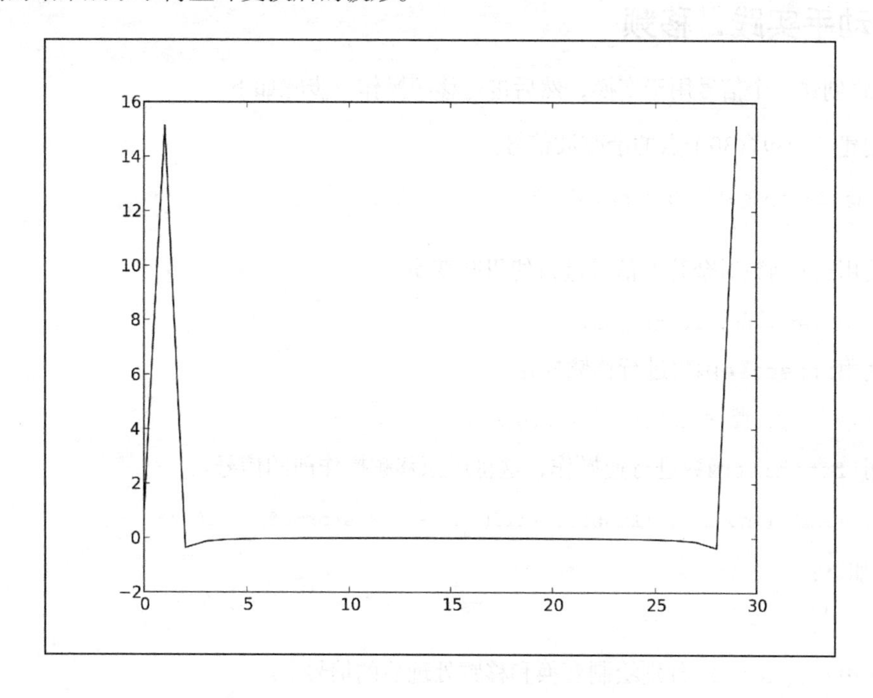

刚才做了些什么

我们在余弦波信号上应用了`fft`函数，随后又对变换结果应用`ifft`函数还原了信号。示例代码见fourier.py文件。

```
import numpy as np
from matplotlib.pyplot import plot, show

x =  np.linspace(0, 2 * np.pi, 30)
wave = np.cos(x)
transformed = np.fft.fft(wave)
print np.all(np.abs(np.fft.ifft(transformed) - wave) < 10 ** -9)

plot(transformed)
show()
```

6.15 移频

`numpy.linalg`模块中的`fftshift`函数可以将FFT输出中的直流分量移动到频谱的中央。`ifftshift`函数则是其逆操作。

6.16　动手实践：移频

我们将创建一个信号用于变换，然后进行移频操作，步骤如下。

(1) 创建一个包含30个点的余弦波信号。

```
x =  np.linspace(0, 2 * np.pi, 30)
wave = np.cos(x)
```

(2) 使用fft函数对余弦波信号进行傅里叶变换。

```
transformed = np.fft.fft(wave)
```

(3) 使用fftshift函数进行移频操作。

```
shifted = np.fft.fftshift(transformed)
```

(4) 用ifftshift函数进行逆操作，这将还原移频操作前的信号。

```
print np.all((np.fft.ifftshift(shifted) - transformed) < 10 ** -9)
```

结果如下：

```
True
```

(5) 使用Matplotlib分别绘制变换和移频处理后的信号。

```
plot(transformed, lw=2)
plot(shifted, lw=3)
show()
```

绘制的结果展示了傅里叶变换后再做移频操作的波形。

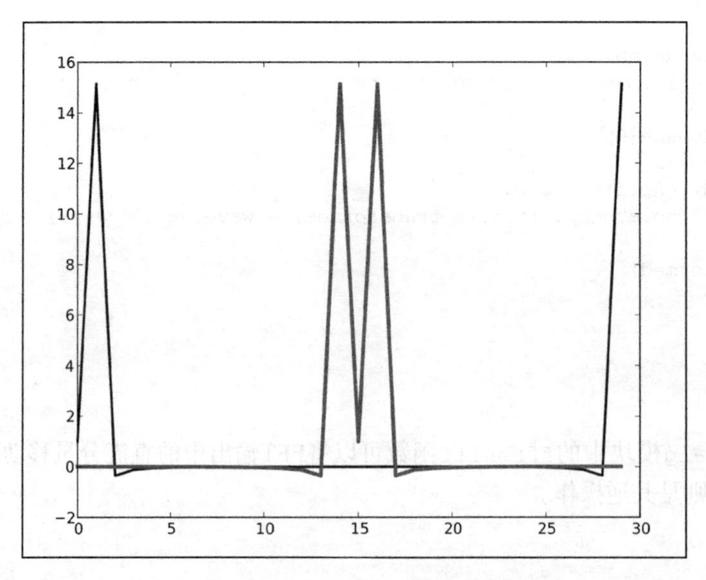

刚才做了些什么

我们在傅里叶变换后的余弦波信号上应用了fftshift函数，随后又应用ifftshift函数还原了信号。示例代码见fouriershift.py文件。

```
import numpy as np
from matplotlib.pyplot import plot, show

x =  np.linspace(0, 2 * np.pi, 30)
wave = np.cos(x)
transformed = np.fft.fft(wave)
shifted = np.fft.fftshift(transformed)
print np.all(np.abs(np.fft.ifftshift(shifted) - transformed) < 10 ** -9)

plot(transformed, lw=2)
plot(shifted, lw=3)
show()
```

6.17 随机数

随机数在蒙特卡罗方法（Monto Carlo method）、随机积分等很多方面都有应用。真随机数的产生很困难，因此在实际应用中我们通常使用伪随机数。在大部分应用场景下，伪随机数已经足够随机，当然一些特殊应用除外。有关随机数的函数可以在NumPy的random模块中找到。随机数发生器的核心算法是基于马特赛特旋转演算法（Mersenne Twister algorithm）的。随机数可以从离散分布或连续分布中产生。分布函数有一个可选的参数size，用于指定需要产生的随机数的数量。该参数允许设置为一个整数或元组，生成的随机数将填满指定形状的数组。支持的离散分布包括几何分布、超几何分布和二项分布等。

6.18 动手实践：硬币赌博游戏

二项分布是*n*个独立重复的是/非试验中成功次数的离散概率分布，这些概率是固定不变的，与试验结果无关。

设想你来到了一个17世纪的赌场，正在对一个硬币赌博游戏下8份赌注。每一轮抛9枚硬币，如果少于5枚硬币正面朝上，你将损失8份赌注中的1份；否则，你将赢得1份赌注。我们来模拟一下赌博的过程，初始资本为1000份赌注。为此，我们需要使用random模块中的binomial函数。

为了理解binomial函数的用法，请完成如下步骤。

(1) 初始化一个全0的数组来存放剩余资本。以参数10000调用binomial函数，意味着我们将在赌场中玩10 000轮硬币赌博游戏。

```
cash = np.zeros(10000)
cash[0] = 1000
outcome = np.random.binomial(9, 0.5, size=len(cash))
```

(2) 模拟每一轮抛硬币的结果并更新cash数组。打印出outcome的最小值和最大值，以检查输出中是否有任何异常值：

```
for i in range(1, len(cash)):
    if outcome[i] < 5:
      cash[i] = cash[i - 1] - 1
    elif outcome[i] < 10:
      cash[i] = cash[i - 1] + 1
    else:
      raise AssertionError("Unexpected outcome " + outcome)
print outcome.min(), outcome.max()
```

不出所料，所有的结果值都在0~9之间：

```
0 9
```

(3) 使用Matplotlib绘制cash数组：

```
plot(np.arange(len(cash)), cash)
show()
```

从下图中可以看到，我们的剩余资本呈随机游走（random walk）状态。

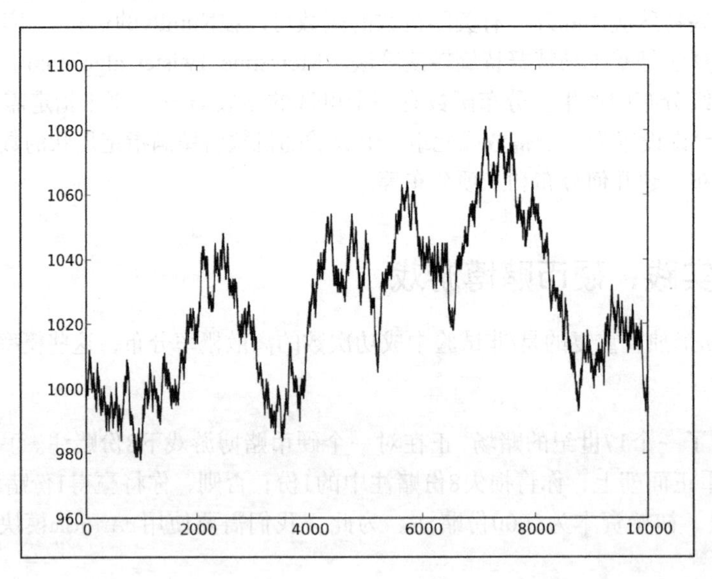

刚才做了些什么

我们使用NumPy random模块中的binomial函数模拟了随机游走。示例代码见headortail.py文件。

```
import numpy as np
from matplotlib.pyplot import plot, show

cash = np.zeros(10000)
cash[0] = 1000
outcome = np.random.binomial(9, 0.5, size=len(cash))

for i in range(1, len(cash)):
    if outcome[i] < 5:
      cash[i] = cash[i - 1] - 1
    elif outcome[i] < 10:
      cash[i] = cash[i - 1] + 1
    else:
      raise AssertionError("Unexpected outcome " + outcome)

print outcome.min(), outcome.max()

plot(np.arange(len(cash)), cash)
show()
```

6.19 超几何分布

超几何分布（hypergeometric distribution）是一种离散概率分布，它描述的是一个罐子里有两种物件，无放回地从中抽取指定数量的物件后，抽出指定种类物件的数量。NumPy random模块中的hypergeometric函数可以模拟这种分布。

6.20 动手实践：模拟游戏秀节目

设想有这样一个游戏秀节目，每当参赛者回答对一个问题，他们可以从一个罐子里摸出3个球并放回。罐子里有一个“倒霉球”，一旦这个球被摸出，参赛者会被扣去6分。而如果他们摸出的3个球全部来自其余的25个普通球，那么可以得到1分。因此，如果一共有100道问题被正确回答，得分情况会是怎样的呢？为了解决这个问题，请完成如下步骤。

(1) 使用hypergeometric函数初始化游戏的结果矩阵。该函数的第一个参数为罐中普通球的数量，第二个参数为“倒霉球”的数量，第三个参数为每次采样（摸球）的数量。

```
points = np.zeros(100)
outcomes = np.random.hypergeometric(25, 1, 3, size=len(points))
```

(2) 根据上一步产生的游戏结果计算相应的得分。

```
for i in range(len(points)):
    if outcomes[i] == 3:
      points[i] = points[i - 1] + 1
    elif outcomes[i] == 2:
      points[i] = points[i - 1] - 6
```

```
    else:
      print outcomes[i]
```

(3) 使用Matplotlib绘制points数组。

```
plot(np.arange(len(points)), points)
show()
```

下图展示了得分的变化情况。

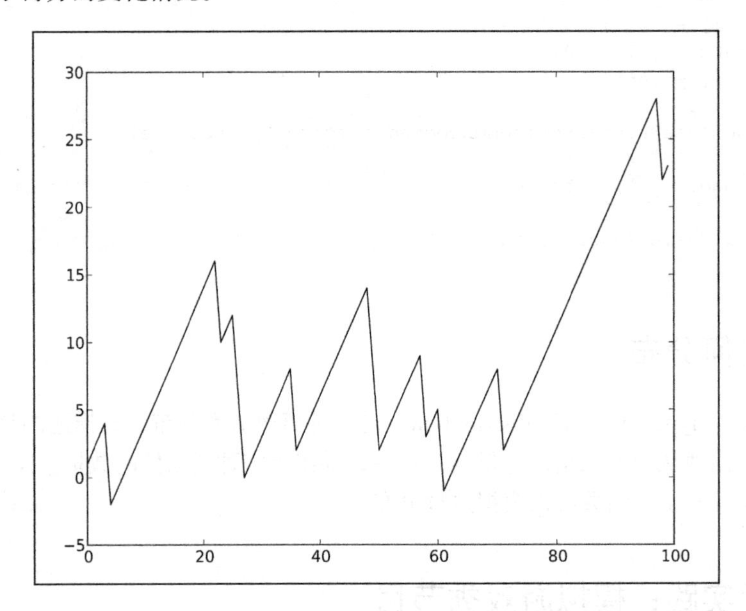

刚才做了些什么

我们使用NumPy random模块中的hypergeometric函数模拟了一个游戏秀节目。这个游戏的得分取决于每一轮从罐子里摸出的球的种类。示例代码见urn.py文件。

```
import numpy as np
from matplotlib.pyplot import plot, show

points = np.zeros(100)
outcomes = np.random.hypergeometric(25, 1, 3, size=len(points))

for i in range(len(points)):
    if outcomes[i] == 3:
       points[i] = points[i - 1] + 1
    elif outcomes[i] == 2:
       points[i] = points[i - 1] - 6
    else:
       print outcomes[i]

plot(np.arange(len(points)), points)
show()
```

6.21 连续分布

连续分布可以用PDF（Probability Density Function，概率密度函数）来描述。随机变量落在某一区间内的概率等于概率密度函数在该区间的曲线下方的面积。NumPy的random模块中有一系列连续分布的函数——beta、chisquare、exponential、f、gamma、gumbel、laplace、lognormal、logistic、multivariate_normal、noncentral_chisquare、noncentral_f、normal等。

6.22 动手实践：绘制正态分布

随机数可以从正态分布中产生，它们的直方图能够直观地刻画正态分布。按照如下步骤绘制正态分布。

(1) 使用NumPy random模块中的normal函数产生指定数量的随机数。

```
N=10000
normal_values = np.random.normal(size=N)
```

(2) 绘制分布直方图和理论上的概率密度函数（均值为0、方差为1的正态分布）曲线。我们将使用Matplotlib进行绘图。

```
dummy, bins, dummy = plt.hist(normal_values, np.sqrt(N), normed=True, lw=1)
sigma = 1
mu = 0
plt.plot(bins, 1/(sigma * np.sqrt(2 * np.pi)) * np.exp( - (bins -mu)**2 / (2 *
sigma**2) ),lw=2)
plt.show()
```

从下图中，我们可以看到熟悉的钟形曲线。

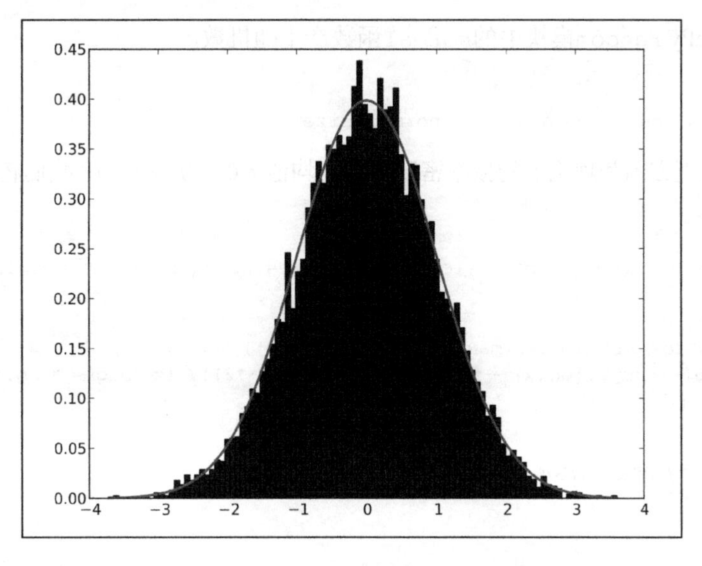

刚才做了些什么

我们画出了NumPy random模块中的normal函数模拟的正态分布。我们将该函数生成的随机数绘制成分布直方图，并同时绘制了标准正态分布的钟形曲线。示例代码见normaldist.py文件。

```
import numpy as np
import matplotlib.pyplot as plt

N=10000

normal_values = np.random.normal(size=N)
dummy, bins, dummy = plt.hist(normal_values, np.sqrt(N), normed=True, lw=1)
sigma = 1
mu = 0
plt.plot(bins, 1/(sigma * np.sqrt(2 * np.pi)) * np.exp( - (bins -mu)**2 / (2 *
sigma**2) ),lw=2)
plt.show()
```

6.23　对数正态分布

对数正态分布（lognormal distribution）是自然对数服从正态分布的任意随机变量的概率分布。NumPy random模块中的lognormal函数模拟了这个分布。

6.24　动手实践：绘制对数正态分布

我们绘制出对数正态分布的概率密度函数以及对应的分布直方图，步骤如下。

(1) 使用NumPy random模块中的normal函数产生随机数。

```
N=10000
lognormal_values = np.random.lognormal(size=N)
```

(2) 绘制分布直方图和理论上的概率密度函数（均值为0、方差为1）。我们将使用Matplotlib进行绘图。

```
dummy, bins, dummy = plt.hist(lognormal_values,np.sqrt(N), normed=True, lw=1)
sigma = 1
mu = 0
x = np.linspace(min(bins), max(bins), len(bins))
pdf = np.exp(-(numpy.log(x) - mu)**2 / (2 * sigma**2))/ (x *sigma * np.sqrt(2 * np.pi))
plt.plot(x, pdf,lw=3)
plt.show()
```

如你所见，直方图和理论概率密度函数的曲线吻合得很好。

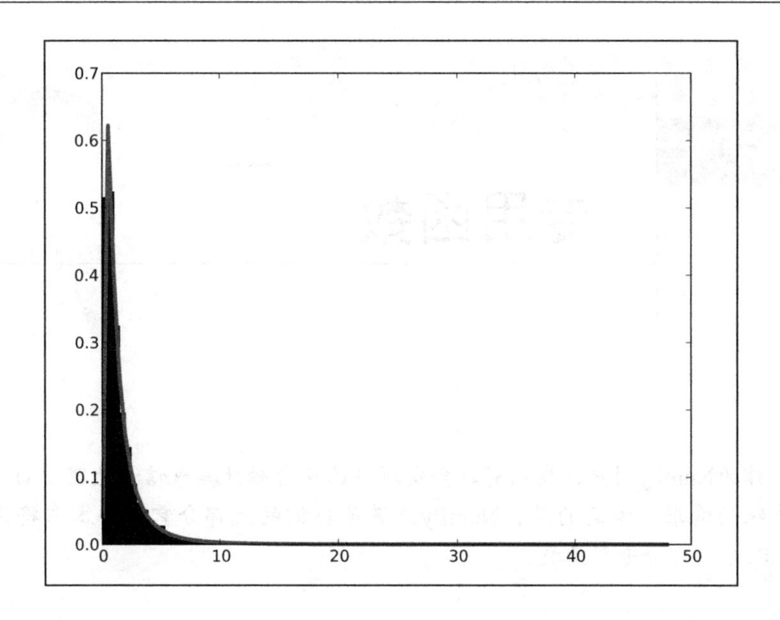

刚才做了些什么

我们画出了NumPy random模块中的lognormal函数模拟的对数正态分布。我们将该函数生成的随机数绘制成分布直方图，并同时绘制了理论上的概率密度函数曲线。示例代码见lognormaldist.py文件。

6

```
import numpy as np
import matplotlib.pyplot as plt

N=10000
lognormal_values = np.random.lognormal(size=N)
dummy, bins, dummy = plt.hist(lognormal_values, np.sqrt(N),normed=True, lw=1)
sigma = 1
mu = 0
x = np.linspace(min(bins), max(bins), len(bins))
pdf = np.exp(-(np.log(x) - mu)**2 / (2 * sigma**2))/ (x * sigma * np.sqrt(2 * np.pi))
plt.plot(x, pdf,lw=3)
plt.show()
```

6.25 本章小结

在本章中，我们学习了很多NumPy模块的知识，涵盖了线性代数、快速傅里叶变换、连续分布和离散分布以及随机数等内容。

在下一章中，我们将学习一些专用函数。这些函数可能不会经常用到，但当你需要时会非常有用。

第7章

专用函数

7

作为NumPy用户，我们有时会发现自己在金融计算或信号处理方面有一些特殊的需求。幸运的是，NumPy能满足我们的大部分需求。本章将讲述NumPy中的部分专用函数。

本章涵盖以下内容：

- 排序和搜索；
- 特殊函数；
- 金融函数；
- 窗口函数。

7.1 排序

NumPy提供了多种排序函数，如下所示：

- sort函数返回排序后的数组；
- lexsort函数根据键值的字典序进行排序；
- argsort函数返回输入数组排序后的下标；
- ndarray类的sort方法可对数组进行原地排序；
- msort函数沿着第一个轴排序；
- sort_complex函数对复数按照先实部后虚部的顺序进行排序。

在上面的列表中，argsort和sort函数可用来对NumPy数组类型进行排序。

7.2 动手实践：按字典序排序

NumPy中的lexsort函数返回输入数组按字典序排序后的下标。我们需要给lexsort函数提供排序所依据的键值数组或元组。步骤如下。

(1) 回顾一下第3章中我们使用的AAPL股价数据，现在我们要将这些很久以前的数据用在完全不同的地方。我们将载入收盘价和日期数据。是的，处理日期总是很复杂，我们为其准备了专门的转换函数。

```
def datestr2num(s):
    return datetime.datetime.strptime (s, "%d-%m-%Y").toordinal()

dates,closes=np.loadtxt('AAPL.csv', delimiter=',',
  usecols=(1,6), converters={1:datestr2num}, unpack=True)
```

(2) 使用`lexsort`函数排序。数据本身已经按照日期排序，不过我们现在优先按照收盘价排序：

```
indices = np.lexsort((dates, closes))

print "Indices", indices
print ["%s %s" % (datetime.date.fromordinal(dates[i]), closes[i]) for i in indices]
```

输出结果如下：

```
['2011-01-28 336.1', '2011-02-22 338.61', '2011-01-31 339.32',
'2011-02-23 342.62', '2011-02-24 342.88', '2011-02-03 343.44',
'2011-02-02 344.32', '2011-02-01 345.03', '2011-02-04 346.5',
'2011-03-10 346.67', '2011-02-25 348.16', '2011-03-01 349.31',
'2011-02-18 350.56', '2011-02-07 351.88', '2011-03-11 351.99',
'2011-03-02 352.12', '2011-03-09 352.47', '2011-02-28 353.21',
'2011-02-10 354.54', '2011-02-08 355.2', '2011-03-07 355.36',
'2011-03-08 355.76', '2011-02-11 356.85', '2011-02-09 358.16',
'2011-02-17 358.3',  '2011-02-14 359.18', '2011-03-03 359.56',
'2011-02-15 359.9', '2011-03-04 360.0', '2011-02-16 363.13']
```

刚才做了些什么

我们使用NumPy中的`lexsort`函数对AAPL的收盘价数据进行了排序。该函数返回了排序后的数组下标。示例代码见lex.py文件。

```
import numpy as np
import datetime
def datestr2num(s):
    return datetime.datetime.strptime(s, "%d-%m-%Y").toordinal()

dates,closes=np.loadtxt('AAPL.csv', delimiter=',', usecols=(1, 6),
converters={1:datestr2num}, unpack=True)
indices = np.lexsort((dates, closes))

print "Indices", indices
print ["%s %s" % (datetime.date.fromordinal(int(dates[i])),
closes[i]) for i in indices]
```

勇敢出发：尝试不同的排序次序

我们按照收盘价和日期的顺序进行了排序。请尝试不同的排序次序。使用我们在上一章中学习的random模块生成随机数并用lexsort对它们进行排序。

7.3 复数

复数包含实数部分和虚数部分。如同在前面的章节中提到的，NumPy中有专门的复数类型，使用两个浮点数来表示复数。这些复数可以使用NumPy的sort_complex函数进行排序。该函数按照先实部后虚部的顺序排序。

7.4 动手实践：对复数进行排序

我们将创建一个复数数组并进行排序，步骤如下。

(1) 生成5个随机数作为实部，5个随机数作为虚部。设置随机数种子为42：

```
np.random.seed(42)
complex_numbers = np.random.random(5) + 1j * np.random.random(5)
print "Complex numbers\n", complex_numbers
```

(2) 调用sort_complex函数对上面生成的复数进行排序：

```
print "Sorted\n", np.sort_complex(complex_numbers)
```

排序后的结果如下：

```
Sorted
[  0.39342751+0.34955771j    0.40597665+0.77477433j
0.41516850+0.26221878j
  0.86631422+0.74612422j    0.92293095+0.81335691j]
```

刚才做了些什么

我们生成了随机的复数并使用sort_complex函数对它们进行了排序。示例代码见sortcomplex.py文件。

```
import numpy as np

np.random.seed(42)
complex_numbers = np.random.random(5) + 1j * np.random.random(5)
print "Complex numbers\n", complex_numbers

print "Sorted\n", np.sort_complex(complex_numbers)
```

突击测验：生成随机数

问题1 以下哪一个NumPy模块可以生成随机数？

(1) `randnum`

(2) `random`

(3) `randomutil`

(4) `rand`

7.5 搜索

NumPy中有多个函数可以在数组中进行搜索，如下所示。

- `argmax`函数返回数组中最大值对应的下标。

```
>>> a = np.array([2, 4, 8])
>>> np.argmax(a)
2
```

- `nanargmax`函数提供相同的功能，但忽略NaN值。

```
>>> b = np.array([np.nan, 2, 4])
>>> np.nanargmax(b)
2
```

- `argmin`和`nanargmin`函数的功能类似，只不过换成了最小值。
- `argwhere`函数根据条件搜索非零的元素，并分组返回对应的下标。

```
>>> a = np.array([2, 4, 8])
>>> np.argwhere(a <= 4)
array([[0],
       [1]])
```

- `searchsorted`函数可以为指定的插入值寻找维持数组排序的索引位置。该函数使用二分搜索算法，计算复杂度为O(log(*n*))。我们随后将具体学习这个函数。
- `extract`函数返回满足指定条件的数组元素。

7.6 动手实践：使用 searchsorted 函数

`searchsorted`函数为指定的插入值返回一个在有序数组中的索引位置，从这个位置插入可以保持数组的有序性。下面的例子可以解释得更清楚。请完成如下步骤。

(1) 我们需要一个排序后的数组。使用`arange`函数创建一个升序排列的数组：

```
a = np.arange(5)
```

(2) 现在，我们来调用searchsorted函数：

```
indices = np.searchsorted(a, [-2, 7])
print "Indices", indices
```

下面的索引即可以维持数组排序的插入位置：

```
Indices [0 5]
```

(3) 使用insert函数构建完整的数组：

```
print "The full array", np.insert(a, indices, [-2, 7])
```

结果如下：

```
The full array [-2 0 1 2 3 4 7]
```

刚才做了些什么

searchsorted函数为7和-2返回了索引5和0。用这些索引作为插入位置，我们生成了数组[-2, 0, 1, 2, 3, 4, 7]，这样就维持了数组的排序。示例代码见sortedsearch.py文件。

```
import numpy as np

a = np.arange(5)
indices = np.searchsorted(a, [-2, 7])
print "Indices", indices

print "The full array", np.insert(a, indices, [-2, 7])
```

7.7　数组元素抽取

NumPy的extract函数可以根据某个条件从数组中抽取元素。该函数和我们在第3章中遇到过的where函数相似。nonzero函数专门用来抽取非零的数组元素。

7.8　动手实践：从数组中抽取元素

我们要从一个数组中抽取偶数元素，步骤如下。

(1) 使用arange函数创建数组：

```
a = np.arange(7)
```

(2) 生成选择偶数元素的条件变量：

```
condition = (a % 2) == 0
```

(3) 使用extract函数基于生成的条件从数组中抽取元素：

```
print "Even numbers", np.extract(condition, a)
```

输出数组中的偶数元素，如下所示：

```
Even numbers [0 2 4 6]
```

(4) 使用nonzero函数抽取数组中的非零元素：

```
print "Non zero", np.nonzero(a)
```

输出结果如下：

```
Non zero (array([1, 2, 3, 4, 5, 6]),)
```

刚才做了些什么

我们使用extract函数根据一个指定的布尔条件从数组中抽取了偶数元素。示例代码见extracted.py文件。

```
import numpy as np

a = np.arange(7)
condition = (a % 2) == 0
print "Even numbers", np.extract(condition, a)
print "Non zero", np.nonzero(a)
```

7.9 金融函数

NumPy中有很多金融函数，如下所示。

- fv函数计算所谓的终值（future value），即基于一些假设给出的某个金融资产在未来某一时间点的价值。
- pv函数计算现值（present value），即金融资产当前的价值。
- npv函数返回的是净现值（net present value），即按折现率计算的净现金流之和。
- pmt函数根据本金和利率计算每期需支付的金额。
- irr函数计算内部收益率（internal rate of return）。内部收益率是是净现值为0时的有效利率，不考虑通胀因素。
- mirr函数计算修正后内部收益率（modified internal rate of return），是内部收益率的改进版本。
- nper函数计算定期付款的期数。
- rate函数计算利率（rate of interest）。

7.10 动手实践：计算终值

终值是基于一些假设给出的某个金融资产在未来某一时间点的价值。终值决定于4个参数——利率、期数、每期支付金额以及现值。在本节的教程中，我们以利率3%、每季度支付金额10、存款周期5年以及现值1 000为参数计算终值。

使用正确的参数调用fv函数，计算终值：

```
print "Future value", np.fv(0.03/4, 5 * 4, -10, -1000)
```

结果如下：

```
Future value 1376.09633204
```

这相当于利率3%的5年期存款并且每季度额外存入10个单位的资金。如果我们改变存款的年数并保持其他参数不变，将得到如下的散点图。

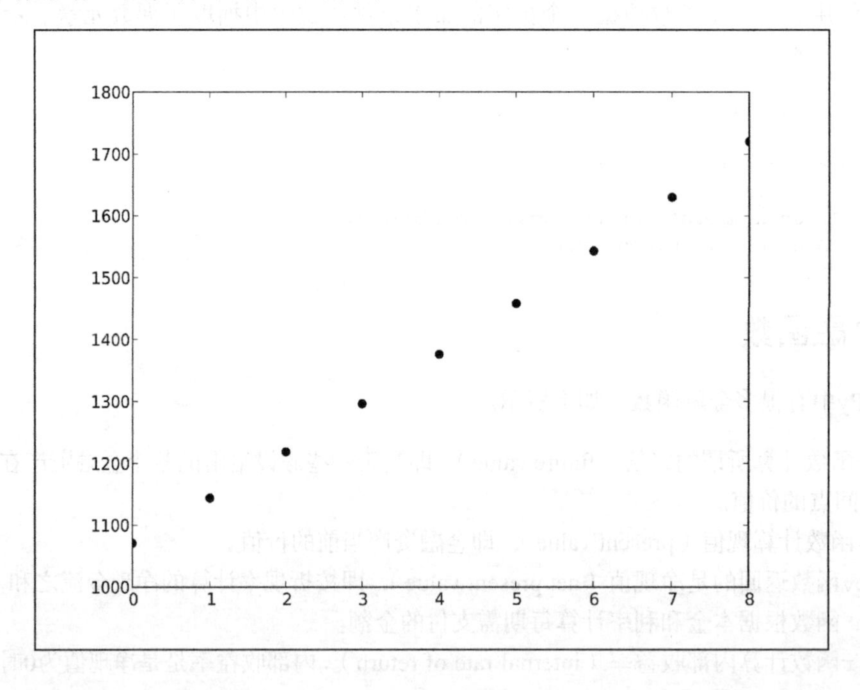

刚才做了些什么

我们以利率3%、每季度支付金额10、存款周期5年以及现值1 000为参数，使用NumPy中的fv函数计算了终值。我们针对不同的存款周期绘制了终值的散点图。示例代码见futurevalue.py文件。

```
import numpy as np
from matplotlib.pyplot import plot, show

print "Future value", np.fv(0.03/4, 5 * 4, -10, -1000)

fvals = []

for i in xrange(1, 10):
  fvals.append(np.fv(.03/4, i * 4, -10, -1000))

plot(fvals, 'bo')
show()
```

7.11 现值

现值（present value）是指资产在当前时刻的价值。NumPy中的pv函数可以计算现值。该函数和fv函数是镜像对称的，同样需要利率、期数、每期支付金额这些参数，不过这里输入为终值，输出为现值。

7.12 动手实践：计算现值

我们来进行逆向计算——使用前一节教程中的数值计算现值。

使用7.10节使用的数值来计算现值。

```
print "Present value", np.pv(0.03/4, 5 * 4, -10, 1376.09633204)
```

除去微小的数值误差，我们预期的计算结果应该为1000。而实际上，这里有一个表示形式上的问题。由于我们计算的是支出的现金流，因此结果前面有一个负号。

```
Present value -999.999999999
```

刚才做了些什么

我们对上一节教程中的终值进行了逆向计算，得到了现值。这是用NumPy中的pv函数完成的。

7.13 净现值

净现值（net present value）定义为按折现率计算的净现金流之和。NumPy中的npv函数返回净现值。该函数需要两个参数，即利率和一个表示现金流的数组。

7.14　动手实践：计算净现值

我们将为一组随机生成的现金流计算净现值。步骤如下。

(1) 生成5个随机数作为现金流的取值。插入-100作为初始值。

```
cashflows = np.random.randint(100, size=5)
cashflows = np.insert(cashflows, 0, -100)
print "Cashflows", cashflows
```

生成的现金流如下所示：

```
Cashflows [-100   38   48   90   17   36]
```

(2) 根据上一步生成的现金流数据，调用npv函数计算净现值。利率按3%计算。

```
print "Net present value", np.npv(0.03, cashflows)
```

计算出的净现值如下：

```
Net present value 107.435682443
```

刚才做了些什么

我们使用npv函数为一组随机生成的现金流数据计算了净现值。示例代码见netpresentvalue.py文件。

```
import numpy as np

cashflows = np.random.randint(100, size=5)
cashflows = np.insert(cashflows, 0, -100)
print "Cashflows", cashflows

print "Net present value", np.npv(0.03, cashflows)
```

7.15　内部收益率

内部收益率（internal rate of return）是净现值为0时的有效利率，不考虑通胀因素。NumPy中的irr函数根据给定的现金流数据返回对应的内部收益率。

7.16　动手实践：计算内部收益率

这里我们复用7.14节中的现金流数据。

使用之前教程中生成的现金流数组，调用irr函数。

```
print "Internal rate of return", np.irr([-100, 38, 48, 90, 17, 36])
```

计算出的内部收益率如下：

```
Internal rate of return 0.373420226888
```

刚才做了些什么

我们使用之前的“动手实践”教程中生成的现金流数据，计算了对应的内部收益率。这是用NumPy中的irr函数完成的。

7.17 分期付款

NumPy中的pmt函数可以根据利率和期数计算贷款每期所需支付的资金。

7.18 动手实践：计算分期付款

假设你贷款100万，年利率为10%，要用30年时间还完贷款，那么每月你必须支付多少资金呢？我们来计算一下。

使用刚才提到的参数值，调用pmt函数。

```
print "Payment", np.pmt(0.10/12, 12 * 30, 1000000)
```

计算出的月供如下所示：

```
Payment -8775.71570089
```

刚才做了些什么

我们计算了贷款100万、年利率10%的情况下的月供金额。设定还款时间为30年，pmt函数告诉我们每月需要偿还的资金为8 775.715 700 89。

7.19 付款期数

NumPy中的nper函数可以计算分期付款所需的期数。所需的参数为贷款利率、固定的月供以及贷款额。

7

7.20　动手实践：计算付款期数

考虑贷款9 000，年利率10%，每月固定还款为100的情形。

通过nper函数计算出付款期数。

```
print "Number of payments", np.nper(0.10/12, -100, 9000)
```

计算出的付款期数如下：

```
Number of payments 167.047511801
```

刚才做了些什么

我们计算了贷款9000、年利率10%、每月固定还款100的情形下所需的付款期数。结果为167个月。

7.21　利率

NumPy中的rate函数根据给定的付款期数、每期付款资金、现值和终值计算利率。

7.22　动手实践：计算利率

我们使用7.20节中的数值进行逆向计算，由其他参数得出利率。

填入之前教程中的数值作为参数。

```
print "Interest rate", 12 * np.rate(167, -100, 9000, 0)
```

如我们所料，计算出的利率约为10%。

```
Interest rate 0.0999756420664
```

刚才做了些什么

我们使用了NumPy的rate函数和之前的“动手实践”教程中的数值，计算了贷款利率。忽略舍入误差，我们得到了原先的利率10%。

7.23　窗函数

窗函数（window function）是信号处理领域常用的数学函数，相关应用包括谱分析和滤波器设计等。这些窗函数除在给定区间之外取值均为0。NumPy中有很多窗函数，如bartlett、blackman、hamming、hanning和kaiser。关于hanning函数的例子可以在第4章和第3章中找到。

7.24 动手实践：绘制巴特利特窗

巴特利特窗（Bartlett window）是一种三角形平滑窗。按如下步骤绘制巴特利特窗。

(1) 调用NumPy中的bartlett函数，以计算巴特利特窗。

```
window = np.bartlett(42)
```

(2) 使用Matplotlib绘制巴特利特窗，非常简单。

```
plot(window)
show()
```

绘制结果如下图所示，形状确实为三角形。

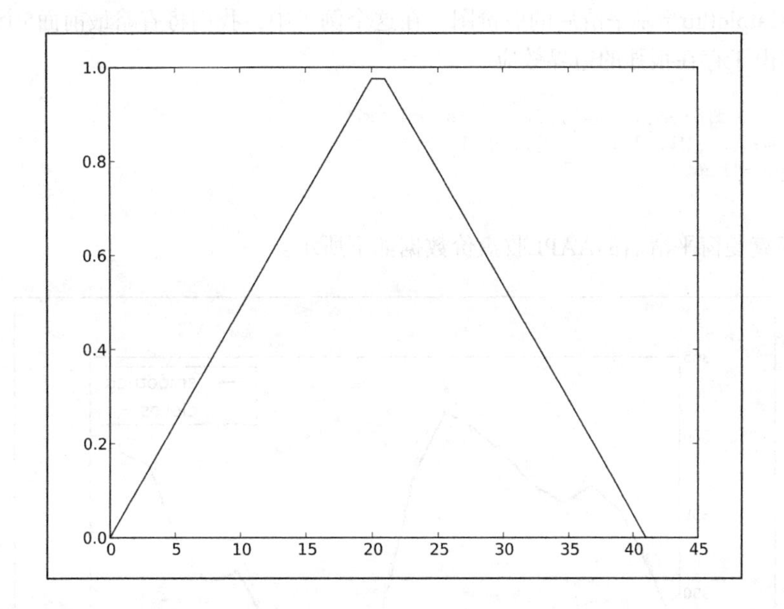

刚才做了些什么

我们使用NumPy中的bartlett函数绘制了巴特利特窗。

7.25 布莱克曼窗

布莱克曼窗（Blackman window）形式上为三项余弦值的加和，如下所示：

$$w(n) = 0.42 - 0.5\cos(2\pi n/M) + 0.08\cos(4\pi n/M)$$

NumPy中的blackman函数返回布莱克曼窗。该函数唯一的参数为输出点的数量。如果数量为0或小于0，则返回一个空数组。

7.26 动手实践：使用布莱克曼窗平滑股价数据

我们对AAPL股价的小数据文件中的收盘价数据进行平滑处理。完成如下步骤。

(1) 将数据载入NumPy数组。调用blackman函数生成一个平滑窗并用它来平滑股价数据。

```
closes=np.loadtxt('AAPL.csv', delimiter=',', usecols=(6,),
converters={1:datestr2num}, unpack=True)
N = int(sys.argv[1])
window = np.blackman(N)
smoothed = np.convolve(window/window.sum(), closes, mode='same')
```

(2) 使用Matplotlib绘制平滑后的股价图。在这个例子中，我们将省略最前面5个和最后面5个数据点。这是由于存在很强的边界效应。

```
plot(smoothed[N:-N], lw=2, label="smoothed")
plot(closes[N:-N], label="closes")
legend(loc='best')
show()
```

经过布莱克曼窗平滑后的AAPL收盘价数据如下所示。

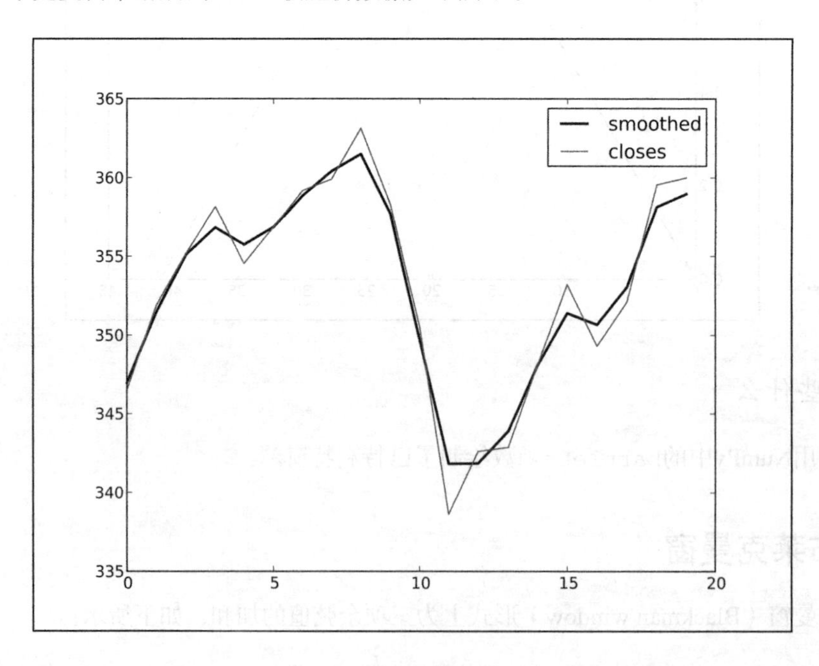

刚才做了些什么

我们使用NumPy中的`blackman`函数生成的布莱克曼窗对AAPL收盘价数据进行了平滑处理，并用Matplotlib绘制了平滑前后的股价图。示例代码见plot_blackman.py文件。

```
import numpy as np
from matplotlib.pyplot import plot, show, legend
from matplotlib.dates import datestr2num
import sys


closes=np.loadtxt('AAPL.csv', delimiter=',', usecols=(6,),
converters={1:datestr2num}, unpack=True)
N = int(sys.argv[1])
window = np.blackman(N)
smoothed = np.convolve(window/window.sum(), closes, mode='same')
plot(smoothed[N:-N], lw=2, label="smoothed")
plot(closes[N:-N], label="closes")
legend(loc='best')
show()
```

7.27 汉明窗

汉明窗（Hamming window）形式上是一个加权的余弦函数。公式如下所示。

$$w(n) = 0.54 + 0.46\cos\left(\frac{2\pi n}{M-1}\right) \quad 0 \leqslant n \leqslant M-1$$

NumPy中的`hamming`函数返回汉明窗。该函数唯一的参数为输出点的数量。如果数量为0或小于0，则返回一个空数组。

7

7.28 动手实践：绘制汉明窗

我们来绘制汉明窗。完成如下步骤。

(1) 调用`hamming`函数，以计算汉明窗：

```
window = np.hamming(42)
```

(2) 使用Matplotlib绘制汉明窗：

```
plot(window)
show()
```

绘制结果如下图所示。

刚才做了些什么

我们使用NumPy中的`hamming`函数绘制了汉明窗。

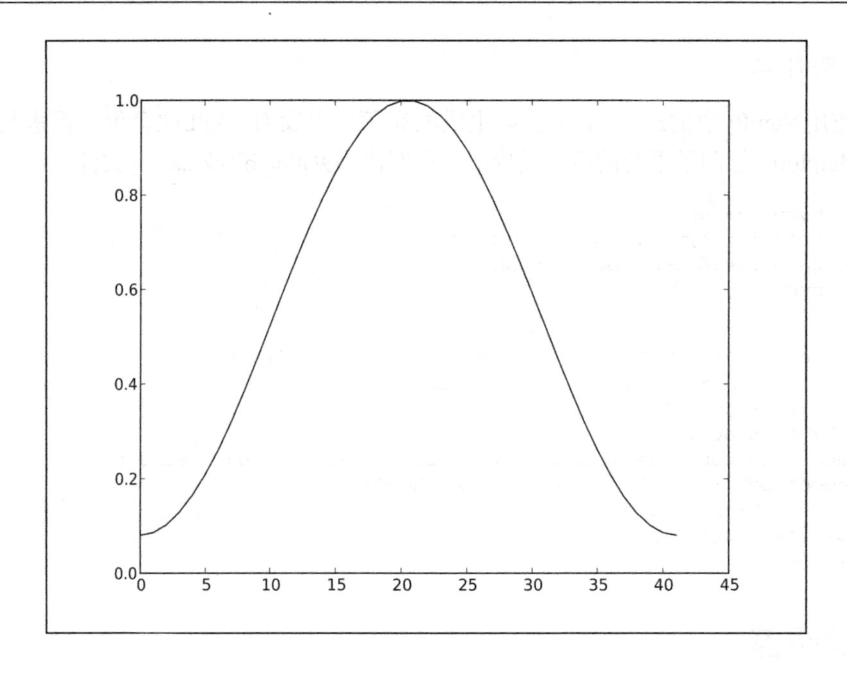

7.29　凯泽窗

凯泽窗（Kaiser window）是以贝塞尔函数（Bessel function）定义的，公式如下所示。

$$w(n) = I_0\left(\beta\sqrt{1-\frac{4n^2}{(M-1)^2}}\right) / I_0(\beta)$$

这里的I_0即为零阶的贝塞尔函数。NumPy中的`kaiser`函数返回凯泽窗。该函数的第一个参数为输出点的数量。如果数量为0或小于0，则返回一个空数组。第二个参数为β值。

7.30　动手实践：绘制凯泽窗

我们来绘制凯泽窗。完成如下步骤。

(1) 调用`kaiser`函数，以计算凯泽窗：

```
window = np.kaiser(42, 14)
```

(2) 使用Matplotlib绘制凯泽窗：

```
plot(window)
show()
```

绘制结果如下图所示。

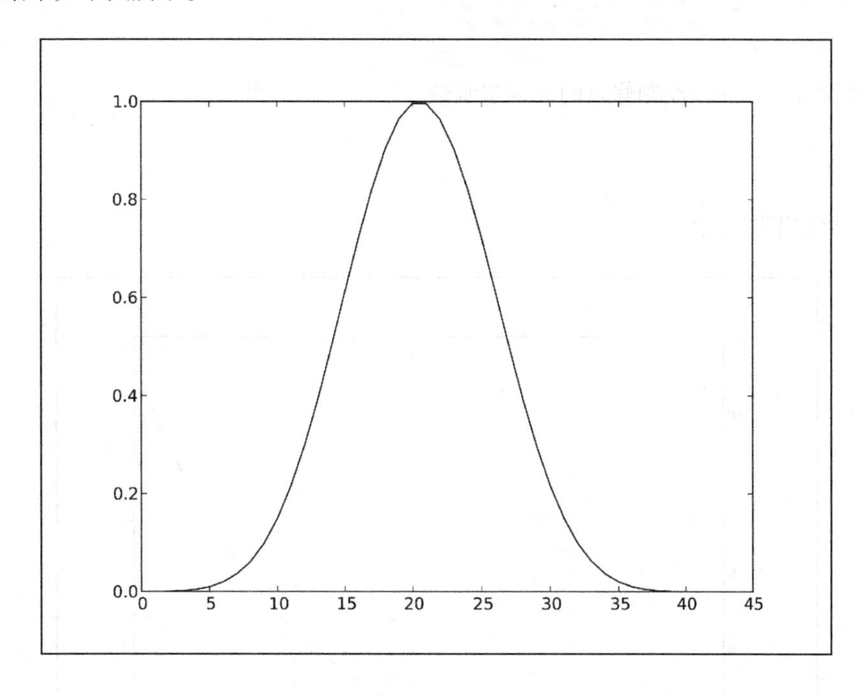

刚才做了些什么

我们使用NumPy中的`kaiser`函数绘制了凯泽窗。

7.31　专用数学函数

我们将以一些专用数学函数结束本章的内容。贝塞尔函数（Bessel function）是贝塞尔微分方程的标准解函数（详见http://en.wikipedia.org/wiki/Bessel_function）。在NumPy中，以`i0`表示第一类修正的零阶贝塞尔函数。`sinc`函数在NumPy中有同名函数`sinc`，并且该函数也有一个二维版本。`sinc`是一个三角函数，更多详细内容请访问http://en.wikipedia.org/wiki/Sinc_function。

7.32　动手实践：绘制修正的贝塞尔函数

我们来看看第一类修正的零阶贝塞尔函数绘制出来是什么形状。

(1) 使用NumPy的`linspace`函数生成一组均匀分布的数值。

```
x = np.linspace(0, 4, 100)
```

(2) 调用i0函数进行计算：

```
vals = np.i0(x)
```

(3) 使用Matplotlib绘制修正的贝塞尔函数：

```
plot(x, vals)
show()
```

绘制结果如下图所示。

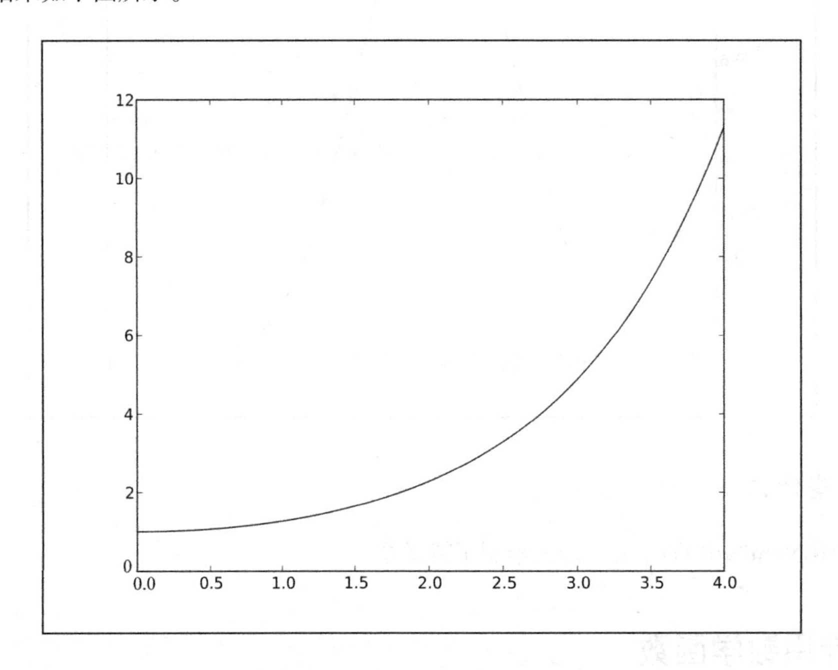

刚才做了些什么

我们使用NumPy中的i0函数绘制了第一类修正的零阶贝塞尔函数。

7.33 sinc 函数

sinc函数在数学和信号处理领域被广泛应用。NumPy中有同名函数sinc，并且也存在一个二维版本。

7.34 动手实践：绘制 sinc 函数

我们将绘制sinc函数。完成如下步骤。

(1) 使用NumPy的`linspace`函数生成一组均匀分布的数值。

```
x = np.linspace(0, 4, 100)
```

(2) 调用`sinc`函数进行计算：

```
vals = np.sinc(x)
```

(3) 使用Matplotlib绘制`sinc`函数：

```
plot(x, vals)
show()
```

绘制结果如下图所示。

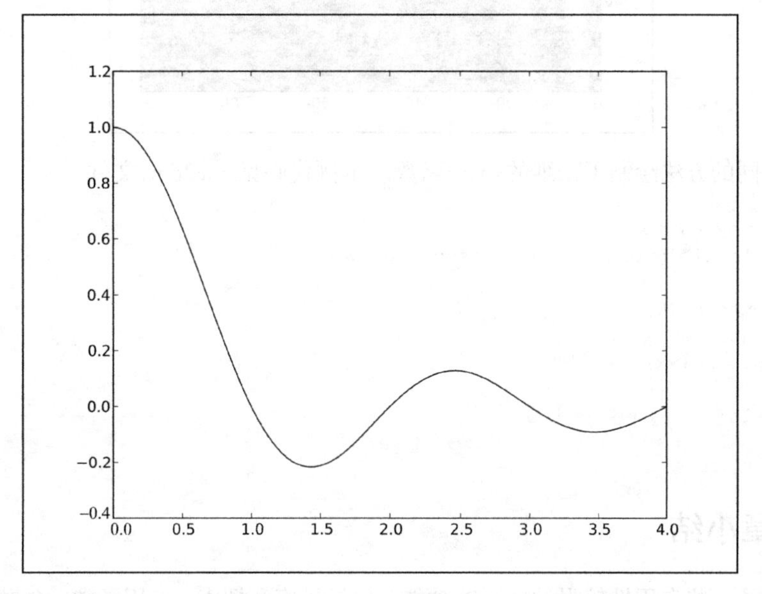

`sinc2d`函数需要输入一个二维数组。我们可以用`outer`函数生成二维数组，便得到下图。

刚才做了些什么

我们使用NumPy中的`sinc`函数绘制了著名的`sinc`函数。示例代码见plot_sinc.py文件。

```
import numpy as np
from matplotlib.pyplot import plot, show

x = np.linspace(0, 4, 100)
vals = np.sinc(x)

plot(x, vals)
show()
```

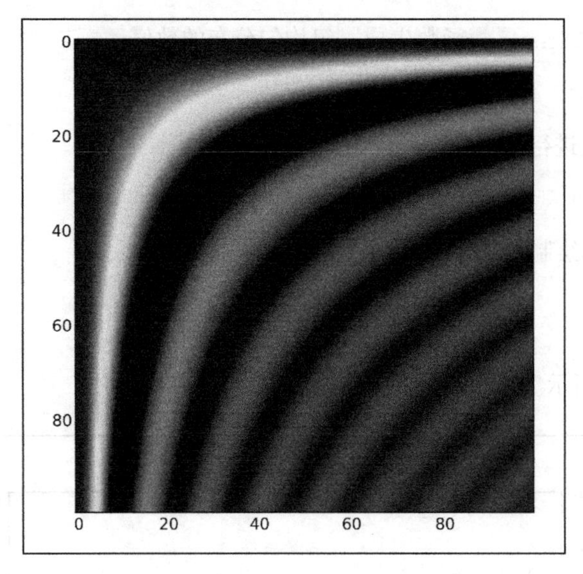

我们用相同的方法绘制了二维的sinc函数。示例代码见sinc2d.py文件。

```
import numpy as np
from matplotlib.pyplot import imshow, show

x = np.linspace(0, 4, 100)
xx = np.outer(x, x)
vals = np.sinc(xx)

imshow(vals)
show()
```

7.35　本章小结

本章介绍了一些专用性较强的NumPy功能，包括排序和搜索、专用函数、金融函数以及窗函数等。

在下一章中，我们将学习非常重要的程序测试方面的知识。

第8章

质量控制

有些程序员只在产品中做测试。如果你不是他们中的一员，你可能会对单元测试的概念耳熟能详。单元测试是由程序员编写的自动测试模块，用来测试他或者她的代码。这些单元测试可以测试某个函数或函数中的某个独立的部分。每一个单元测试仅仅对一小部分代码进行测试。单元测试可以带来诸多好处，如提高代码质量、可重复性测试等，使软件副作用更为清晰。

Python本身对单元测试就有良好的支持。此外，NumPy中也有`numpy.testing`包可以支持NumPy代码的单元测试。

TDD（Test Driven Development，测试驱动的开发）是软件开发史上最重要的里程碑之一。TDD主要专注于自动单元测试，它的目标是尽最大限度自动化测试代码。如果代码被改动，我们仍可以运行测试并捕捉可能存在的问题。换言之，测试对于已经存在的功能模块依然有效。

本章涵盖以下内容：

- 单元测试；
- 断言机制；
- 浮点数精度。

8.1 断言函数

单元测试通常使用断言函数作为测试的组成部分。在进行数值计算时，我们经常遇到比较两个近似相等的浮点数这样的基本问题。整数之间的比较很简单，但浮点数却非如此，这是由于计算机对浮点数的表示本身就是不精确的。`numpy.testing`包中有很多实用的工具函数考虑了浮点数比较的问题，可以测试前提是否成立。

函　数	描　述
assert_almost_equal	如果两个数字的近似程度没有达到指定精度，就抛出异常
assert_approx_equal	如果两个数字的近似程度没有达到指定有效数字，就抛出异常
assert_array_almost_equal	如果两个数组中元素的近似程度没有达到指定精度，就抛出异常
assert_array_equal	如果两个数组对象不相同，就抛出异常
assert_array_less	两个数组必须形状一致，并且第一个数组的元素严格小于第二个数组的元素，否则就抛出异常
assert_equal	如果两个对象不相同，就抛出异常
assert_raises	若用填写的参数调用函数没有抛出指定的异常，则测试不通过
assert_warns	若没有抛出指定的警告，则测试不通过
assert_string_equal	断言两个字符串变量完全相同
assert_allclose	如果两个对象的近似程度超出了指定的容差限，就抛出异常

8.2　动手实践：使用 assert_almost_equal 断言近似相等

假设你有两个很接近的数字。我们用assert_almost_equal函数来检查它们是否近似相等。

(1) 调用函数，指定较低的精度（小数点后7位）：

```
print "Decimal 6", np.testing.assert_almost_equal(0.123456789, 0.123456780,
decimal=7)
```

注意，这里没有抛出异常，如下所示：

```
Decimal 6 None
```

(2) 调用函数，指定较高的精度（小数点后8位）：

```
print "Decimal 7", np.testing.assert_almost_equal(0.123456789, 0.123456780,
decimal=8)
```

结果如下：

```
Decimal 7
Traceback (most recent call last):
    ...
raiseAssertionError(msg)
AssertionError:
Arrays are not almost equal
  ACTUAL: 0.123456789
  DESIRED: 0.12345678
```

刚才做了些什么

我们使用NumPy testing包中的assert_almost_equal函数在不同的精度要求下检查了两个浮点数0.123456789和0.123456780是否近似相等。

突击测验：指定精度

问题1 以下哪一个是assert_almost_equal函数的参数，用来指定小数点后的精度？

(1) decimal
(2) precision
(3) tolerance
(4) significant

8.3 近似相等

如果两个数字的近似程度没有达到指定的有效数字要求，assert_approx_equal函数将抛出异常。该函数触发异常的条件如下：

```
abs(actual - expected) >= 10**-(significant - 1)
```

8.4 动手实践：使用 assert_approx_equal 断言近似相等

我们仍使用前面“动手实践”教程中的数字，并使用assert_approx_equal函数对它们进行比较。

(1) 调用函数，指定较低的有效数字位：

```
print "Significance 8", np.testing.assert_approx_equal(0.123456789,
0.123456780,significant=8)
```

结果如下：

```
Significance 8 None
```

(2) 调用函数，指定较高的有效数字位：

```
print "Significance 9", np.testing.assert_approx_equal(0.123456789, 0.123456780,
significant=9)
```

抛出了一个异常：

```
Significance 9
Traceback (most recent call last):
```

8

```
    ...
raiseAssertionError(msg)
AssertionError:
Items are not equal to 9 significant digits:
 ACTUAL: 0.123456789
 DESIRED: 0.12345678
```

刚才做了些什么

我们使用numpy.testing包中的assert_approx_equal函数在不同的精度要求下检查了两个浮点数0.123456789和0.123456780是否近似相等。

8.5　数组近似相等

如果两个数组中元素的近似程度没有达到指定的精度要求，assert_array_almost_equal函数将抛出异常。该函数首先检查两个数组的形状是否一致，然后逐一比较两个数组中的元素：

```
|expected - actual| < 0.5 10-decimal
```

8.6　动手实践：断言数组近似相等

我们使用前面“动手实践”教程中的数字，并各加上一个0来构造两个数组。

(1) 调用函数，指定较低的精度：

```
print "Decimal 8", np.testing.assert_array_almost_equal([0, 0.123456789], [0,
0.123456780], decimal=8)
```

结果如下：

```
Decimal 8 None
```

(2) 调用函数，指定较高的精度：

```
print "Decimal 9", np.testing.assert_array_almost_equal([0, 0.123456789], [0,
0.123456780], decimal=9)
```

抛出了一个异常：

```
Decimal 9
Traceback (most recent call last):
    ...
assert_array_compare
raiseAssertionError(msg)
AssertionError:
```

```
Arrays are not almost equal

(mismateh 50.0%)
x: array([ 0.        , 0.12345679])
y: array([ 0.        , 0.12345678])
```

刚才做了些什么

我们使用NumPy中的assert_array_almost_equal函数比较了两个数组。

勇敢出发：比较形状不一致的数组

使用NumPy的assert_array_almost_equal函数比较两个形状不一致的数组。

8.7 数组相等

如果两个数组对象不相同，assert_array_equal函数将抛出异常。两个数组相等必须形状一致且元素也严格相等，允许数组中存在NaN元素。

此外，比较数组也可以使用assert_allclose函数。该函数有参数atol（absolute tolerance，绝对容差限）和rtol（relative tolerance，相对容差限）。对于两个数组a和b，将测试是否满足以下等式：

```
|a - b| <= (atol + rtol * |b|)
```

8.8 动手实践：比较数组

我们使用刚刚提到的函数来比较两个数组。我们仍使用前面“动手实践”教程中的数组，并增加一个NaN元素。

(1) 调用assert_allclose函数：

```
print "Pass", np.testing.assert_allclose([0, 0.123456789, np.nan], [0, 0.123456780,
np.nan], rtol=1e-7, atol=0)
```

结果如下：

```
Pass None
```

(2) 调用assert_array_equal函数：

```
print "Fail", np.testing.assert_array_equal([0, 0.123456789, np.nan], [0, 0.123456780,
np.nan])
```

抛出了一个异常：

```
Fail
Traceback (most recent call last):
    ...
assert_array_compare
raiseAssertionError(msg)
AssertionError:
Arrays are not equal

(mismatch 50.0%)
x: array([ 0.      ,0.12345679, nan]
y: array([ 0.      ,0.12345678, nan])
```

刚才做了些什么

我们分别使用assert_allclose和assert_array_equal函数比较了两个数组。

8.9　数组排序

两个数组必须形状一致并且第一个数组的元素严格小于第二个数组的元素，否则assert_array_less函数将抛出异常。

8.10　动手实践：核对数组排序

我们来检查一个数组是否严格大于另一个数组。

(1) 调用assert_array_less函数比较两个有严格顺序的数组：

```
print "Pass", np.testing.assert_array_less([0, 0.123456789, np.nan], [1, 0.23456780,
np.nan])
```

结果如下：

```
Pass None
```

(2) 调用assert_array_less函数，使测试不通过：

```
print "Fail", np.testing.assert_array_less([0, 0.123456789, np.nan], [0, 0.123456780,
np.nan])
```

抛出了一个异常：

```
Fail
Traceback (most recent call last):
    ...
raiseAssertionError(msg)
AssertionError:
```

```
Arrays are not less-ordered

(mismatch 100.0%)
x: array([ 0.      , 0.12345679,      nan])
y: array([ 0.      , 0.12345678,      nan])
```

刚才做了些什么

我们使用assert_array_less函数比较了两个数组的大小顺序。

8.11 对象比较

如果两个对象不相同，assert_equal函数将抛出异常。这里的对象不一定为NumPy数组，也可以是Python中的列表、元组或字典。

8.12 动手实践：比较对象

假设你需要比较两个元组。我们可以用assert_equal函数来完成。

(1) 调用assert_equal函数：

```
print "Equal?", np.testing.assert_equal((1, 2), (1, 3))
```

抛出了一个异常：

```
Equal?
Traceback (most recent call last):
    ...
raiseAssertionError(msg)
AssertionError:
Items are not equal:
item=1

 ACTUAL: 2
 DESIRED: 3
```

刚才做了些什么

我们使用assert_equal函数比较了两个元组——两个元组并不相同，因此抛出了异常。

8.13 字符串比较

assert_string_equal函数断言两个字符串变量完全相同。如果测试不通过，将会抛出异常并显示两个字符串之间的差异。该函数区分字符大小写。

8.14 动手实践：比较字符串

比较两个均为NumPy的字符串。

(1) 调用assert_string_equal函数，比较一个字符串和其自身。显然，该测试应通过：

```
print "Pass", np.testing.assert_string_equal("NumPy", "NumPy")
```

测试通过：

```
Pass None
```

(2) 调用assert_string_equal函数，比较一个字符串和另一个字母完全相同但大小写有区别的字符串。该测试应抛出异常：

```
print "Fail", np.testing.assert_string_equal("NumPy", "Numpy")
```

抛出了一个异常：

```
Fail
Traceback (most recent call last):
    ...
raiseAssertionError(msg)
AssertionError: Differences in strings:
- NumPy?     ^
+ Numpy?     ^
```

刚才做了些什么

我们使用assert_string_equal函数比较了两个字符串。当字符大小写不匹配时抛出异常。

8.15 浮点数比较

浮点数在计算机中是以不精确的方式表示的，这给比较浮点数带来了问题。NumPy中的assert_array_almost_equal_nulp和assert_array_max_ulp函数可以提供可靠的浮点数比较功能。**ULP**是Unit of Least Precision的缩写，即浮点数的最小精度单位。根据IEEE 754标准，四则运算的误差必须保持在半个ULP之内。你可以用刻度尺来做对比。公制刻度尺的刻度通常精确到毫米，而更高精度的部分只能估读，误差上界通常认为是最小刻度值的一半，即半毫米。

机器精度（machine epsilon）是指浮点运算中的相对舍入误差上界。机器精度等于ULP相对于1的值。NumPy中的finfo函数可以获取机器精度。Python标准库也可以给出机器精度值，并应该与NumPy给出的结果一致。

8.16 动手实践：使用assert_array_almost_equal_nulp比较浮点数

我们在实践中学习assert_array_almost_equal_nulp函数。

(1) 使用finfo函数确定机器精度：

```
eps = np.finfo(float).eps
print "EPS", eps
```

精度如下：

```
EPS 2.22044604925e-16
```

(2) 使用assert_array_almost_equal_nulp函数比较两个近似相等的浮点数1.0和1.0 + eps（epsilon），然后对1.0 + 2 * eps做同样的比较：

```
print "1",
np.testing.assert_array_almost_equal_nulp(1.0, 1.0 + eps)
print "2",
np.testing.assert_array_almost_equal_nulp(1.0, 1.0 + 2 * eps)
```

结果如下：

```
1  None
2
Traceback (most recent call last):
    ...
assert_array_almost_equal_nulp
raiseAssertionError(msg)
AssertionError: X and Y are not equal to 1 ULP (max is 2)
```

刚才做了些什么

我们使用finfo函数获取了机器精度。随后，我们使用assert_array_almost_equal_nulp函数比较了1.0和1.0 + eps，测试通过，再加上一个机器精度则抛出了异常。

8.17 多ULP的浮点数比较

assert_array_max_ulp函数可以指定ULP的数量作为允许的误差上界。参数maxulp接受整数作为ULP数量的上限，默认值为1。

8.18 动手实践：设置maxulp并比较浮点数

我们仍使用前面“动手实践”教程中比较的浮点数，但在需要的时候设置maxulp为2。

(1) 使用finfo函数确定机器精度：

```
eps = np.finfo(float).eps
print "EPS", eps
```

精度如下：

```
EPS 2.22044604925e-16
```

(2) 与前面的“动手实践”教程做相同的比较，但这里我们使用assert_array_max_ulp函数和适当的maxulp参数值：

```
print "1", np.testing.assert_array_max_ulp(1.0, 1.0 + eps)
print "2", np.testing.assert_array_max_ulp(1.0, 1 + 2 * eps, maxulp=2)
```

输出结果如下：

```
1 1.0
2 2.0
```

刚才做了些什么

我们仍比较了前面“动手实践”教程中的浮点数，但在第二次比较时将maxulp设置为2。我们使用assert_array_max_ulp函数和适当的maxulp参数值通过了比较测试，并返回了指定的ULP数量。

8.19　单元测试

单元测试是对代码的一小部分进行自动化测试的单元，通常是一个函数或方法。Python中有用于单元测试的PyUnit API（Application Programming Interface，应用程序编程接口）。作为NumPy用户，我们还可以使用前面学习过的断言函数。

8.20　动手实践：编写单元测试

我们将为一个简单的阶乘函数编写测试代码，检查所谓的程序主逻辑以及非法输入的情况。

(1) 首先，我们编写一个阶乘函数：

```
def factorial(n):
    if n == 0:
      return 1

    if n < 0:
      raise ValueError, "Unexpected negative value"

    return np.arange(1, n+1).cumprod()
```

代码中使用了我们已经掌握的创建数组和累乘计算函数arange和cumprod，并增加了一些边界条件的判断。

(2) 现在我们来编写单元测试。编写一个包含单元测试的类，继承Python标准库unittest模块中的TestCase类。我们对阶乘函数进行如下调用测试：

- 一个正数，测试程序主逻辑；
- 测试边界条件0；
- 测试负数，应抛出异常。

```
class FactorialTest(unittest.TestCase):
  def test_factorial(self):
    # 计算3的阶乘，测试通过
    self.assertEqual(6, factorial(3)[-1])
    np.testing.assert_equal(np.array([1, 2, 6]), factorial(3))

  def test_zero(self):
    # 计算0的阶乘，测试通过
    self.assertEqual(1, factorial(0))

  def test_negative(self):
    # 计算负数的阶乘，测试不通过
    # 这里应抛出ValueError异常，但我们断言其抛出IndexError异常
    self.assertRaises(IndexError, factorial(-10))
```

我们有意使得其中一项测试不通过，输出结果如下所示：

```
$ python unit_test.py
.E.
======================================================================
====
ERROR: test_negative (__main__.FactorialTest)
----------------------------------------------------------------------
----
Traceback (most recent call last):
   File "unit_test.py", line 26, in test_negative
self.assertRaises(IndexError, factorial(-10))
   File "unit_test.py", line 9, in factorial
raiseValueError, "Unexpected negative value"
ValueError: Unexpected negative value

----------------------------------------------------------------------
----
Ran 3 tests in 0.003s

FAILED (errors=1)
```

刚才做了些什么

我们对阶乘函数的程序主逻辑代码进行了测试，并有意使得边界条件的测试不通过。示例代码见unit_test.py文件。

```
import numpy as np
import unittest


def factorial(n):
    if n == 0:
      return 1

    if n < 0:
      raise ValueError, "Unexpected negative value"

    return np.arange(1, n+1).cumprod()


class FactorialTest(unittest.TestCase):
  def test_factorial(self):
  # 计算3的阶乘，测试通过
  self.assertEqual(6, factorial(3)[-1])
  np.testing.assert_equal(np.array([1, 2, 6]), factorial(3))

def test_zero(self):
   # 计算0的阶乘，测试通过
   self.assertEqual(1, factorial(0))

def test_negative(self):
   # 计算负数的阶乘，测试不通过
   # 这里应抛出ValueError异常，但我们断言其抛出IndexError异常
   self.assertRaises(IndexError, factorial(-10))

if _name_ == '_main_':
   unittest.main()
```

8.21　nose 和测试装饰器

鼻子（nose）是长在嘴上方的器官，人和动物的呼吸和闻味都依赖于它。nose同时也是一种Python框架，使得（单元）测试更加容易。nose可以帮助你组织测试代码。根据nose的文档，“任何能够匹配testMatch正则表达式（默认为(?:^|[b_.-])[Tt]est）的Python源代码文件、文件夹或库都将被收集用于测试”。nose充分利用了装饰器（decorator）。Python装饰器是有一定含义的对函数或方法的注解。numpy.testing模块中有很多装饰器。

装　饰　器	描　　述
numpy.testing.decorators.deprecated	在运行测试时过滤掉过期警告
numpy.testing.decorators.knownfailureif	根据条件抛出KnownFailureTest异常
numpy.testing.decorators.setastest	将函数标记为测试函数或非测试函数
numpy.testing.decorators. skipif	根据条件抛出SkipTest异常
numpy.testing.decorators.slow	将测试函数标记为“运行缓慢”

此外，我们还可以调用decorate_methods函数，将装饰器应用到能够匹配正则表达式或字符串的类方法上。

8.22 动手实践：使用测试装饰器

我们将直接在测试函数上使用setastest装饰器。我们在另一个方法上也使用该装饰器，但将其禁用。此外，我们还将跳过一个测试，并使得另一个测试不通过。如果你仍未安装nose，请先完成安装步骤。

(1) 使用setuptools安装nose：

```
easy_install nose
```

或者使用pip安装：

```
pip install nose
```

(2) 我们将一个函数用于测试，另一个不用于测试。

```
@setastest(False)
def test_false():
    pass
@setastest(True)
def test_true():
    pass
```

(3) 我们可以使用skipif装饰器跳过测试。这里，我们使用一个条件使得该测试总是被跳过。

```
@skipif(True)
def test_skip():
    pass
```

(4) 添加一个空函数用于测试，并使用knownfailureif装饰器使得该测试总是不通过。

```
@knownfailureif(True)
def test_alwaysfail():
    pass
```

(5) 定义一些可以被nose执行的函数和对应的测试类：

```
class TestClass():
   def test_true2(self):
       pass

class TestClass2():
   def test_false2(self):
       pass
```

(6) 我们将上一步的第二个函数在测试中禁用：

```
decorate_methods(TestClass2, setastest(False), 'test_false2')
```

(7) 执行如下命令，运行测试：

```
nosetests -v decorator_setastest.py
decorator_setastest.TestClass.test_true2 ... ok
decorator_setastest.test_true ... ok
decorator_test.test_skip ... SKIP: Skipping test: test_skipTest
skipped due to test condition
decorator_test.test_alwaysfail ... ERROR

=============================================================================
====
ERROR: decorator_test.test_alwaysfail
-----------------------------------------------------------------------------
----
Traceback (most recent call last):
   File ".../nose/case.py", line 197, in runTest
self.test(*self.arg)
   File ".../numpy/testing/decorators.py", line 213, in knownfailer
raiseKnownFailureTest(msg)
KnownFailureTest: Test skipped due to known failure
-----------------------------------------------------------------------------
----
Ran 4 tests in 0.001s

FAILED (SKIP=1, errors=1)
```

刚才做了些什么

我们使用装饰器将一些函数和方法在测试中禁用，使得它们被nose忽略。我们还直接使用装饰器和decorate_methods函数跳过了一个测试，并使得另一个测试不通过。示例代码见decorator_test.py文件。

```
from numpy.testing.decorators import setastest
from numpy.testing.decorators import skipif
from numpy.testing.decorators import knownfailureif
from numpy.testing import decorate_methods
@setastest(False)
def test_false():
    pass

@setastest(True)
def test_true():
    pass

@skipif(True)
def test_skip():
    pass

@knownfailureif(True)
```

```
def test_alwaysfail():
    pass

class TestClass():
   def test_true2(self):
       pass

class TestClass2():
   def test_false2(self):
       pass

decorate_methods(TestClass2, setastest(False), 'test_false2')
```

8.23　文档字符串

文档字符串（docstring）是内嵌在Python代码中的类似交互式会话的字符串。这些字符串可以用于某些测试，也可以仅用于提供使用示例。numpy.testing模块中有一个函数可以运行这些测试。

8.24　动手实践：执行文档字符串测试

我们来编写一个简单的计算阶乘的例子，但不考虑所有的边界条件。换言之，编写一些测试不能通过的例子。

(1) 文档字符串看起来就像你在Python shell中看到的文本一样（包括命令提示符）。我们将有意使得其中一项测试不通过，看看会发生什么。

```
"""
Test for the factorial of 3 that should pass.
>>> factorial(3)
6

Test for the factorial of 0 that should fail.
>>> factorial(0)
1
"""
```

(2) 我们将用下面这一行NumPy代码来计算阶乘：

```
return np.arange(1, n+1).cumprod()[-1]
```

为了演示目的，这行代码有时会出错。

(3) 我们可以在Python shell中通过调用numpy.testing模块的rundocs函数，从而执行文档字符串测试。

```
>>>from numpy.testing import rundocs
>>>rundocs('docstringtest.py')
```

```
Traceback (most recent call last):
   File "<stdin>", line 1, in <module>
   File ".../numpy/testing/utils.py", line 998, in rundocs
raiseAssertionError("Some doctests failed:\n%s" % "\n".join(msg))
AssertionError: Some doctests failed:
**********************************************************************
****
File "docstringtest.py", line 10, in docstringtest.factorial
Failed example:
factorial(0)
Exception raised:
Traceback (most recent call last):
     File ".../doctest.py", line 1254, in_run compileflags, 1) in test.globs
     File "<doctestdocstringtest.factorial[1]>", line 1, in <module>
factorial(0)
     File "docstringtest.py", line 13, in factorial
return np.arange(1, n+1).cumprod()[-1]
IndexError: index -1 is out of bounds for axis 0 with size 0
```

刚才做了些什么

我们编写了一个文档字符串测试，在对应的阶乘函数中没有考虑0和负数的情况。我们使用numpy.testing模块中的rundocs函数执行了测试，并得到了“索引错误”的结果。示例代码见docstringtest.py文件。

```
import numpy as np


def factorial(n):
    """
    Test for the factorial of 3 that should pass.
    >>> factorial(3)
    6

    Test for the factorial of 0 that should fail.
    >>> factorial(0)
    1
    """
return np.arange(1, n+1).cumprod()[-1]
```

8.25 本章小结

在本章中，我们学习了代码测试和NumPy中的测试工具。 涵盖的内容包括单元测试、文档字符串测试、断言函数和浮点数精度。大部分NumPy断言函数都与浮点数精度有关。我们演示了可以被nose使用的Numpy装饰器的用法。装饰器使得测试更加容易使用，并体现开发者的意图。

下一章将要讨论的是Matplotlib——开源的Python科学可视化和绘图工具库。

第9章 使用Matplotlib绘图

9

Matplotlib是一个非常有用的Python绘图库。它和NumPy结合得很好，但本身是一个单独的开源项目。你可以访问http://matplotlib.sourceforge.net/gallery.html查看美妙的示例图库。

Matplotlib中有一些功能函数可以从雅虎财经频道下载并处理数据。我们将看到几个股价图的例子。

本章涵盖以下内容：

- 简单绘图；
- 子图；
- 直方图；
- 定制绘图；
- 三维绘图；
- 等高线图；
- 动画；
- 对数坐标图。

9.1 简单绘图

matplotlib.pyplot包中包含了简单绘图功能。需要记住的是，随后调用的函数都会改变当前的绘图。最终，我们会将绘图存入文件或使用show函数显示出来。不过如果我们用的是运行在Qt或Wx后端的IPython，图形将会交互式地更新，而不需要等待show函数的结果。这类似于屏幕上输出文本的方式，可以源源不断地打印出来。

9.2 动手实践：绘制多项式函数

为了说明绘图的原理，我们来绘制多项式函数的图像。我们将使用NumPy的多项式函数

poly1d来创建多项式。

(1) 以自然数序列作为多项式的系数，使用poly1d函数创建多项式。

```
func = np.poly1d(np.array([1, 2, 3, 4]).astype(float))
```

(2) 使用NumPy的linspace函数创建x轴的数值，在-10和10之间产生30个均匀分布的值。

```
x = np.linspace(-10, 10, 30)
```

(3) 计算我们在第一步中创建的多项式的值。

```
y = func(x)
```

(4) 调用plot函数，这并不会立刻显示函数图像。

```
plt.plot(x, y)
```

(5) 使用xlabel函数添加x轴标签。

```
plt.xlabel('x')
```

(6) 使用ylabel函数添加y轴标签。

```
plt.ylabel('y(x)')
```

(7) 调用show函数显示函数图像。

```
plt.show()
```

绘制的多项式函数如下图所示。

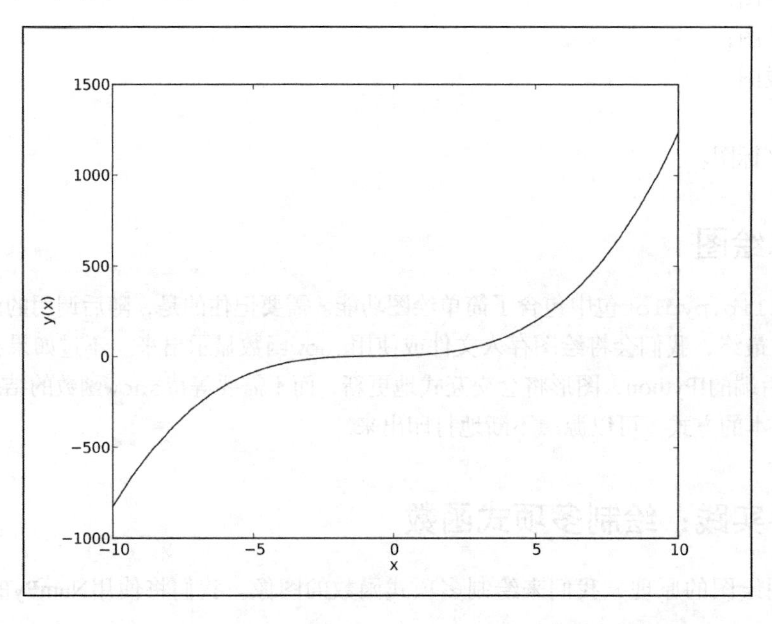

刚才做了些什么

我们绘制了多项式函数的图像并显示在屏幕上。我们对x轴和y轴添加了文本标签。示例代码见polyplot.py文件。

```
import numpy as np
import matplotlib.pyplot as plt

func = np.poly1d(np.array([1, 2, 3, 4]).astype(float))
x = np.linspace(-10, 10, 30)
y = func(x)

plt.plot(x, y)
plt.xlabel('x')
plt.ylabel('y(x)')
plt.show()
```

突击测验：plot函数

问题1 plot函数的作用是什么？

(1) 在屏幕上显示二维绘图的结果

(2) 将二维绘图的结果存入文件

(3) 1和2都是

(4) 1、2、3都不是

9.3 格式字符串

plot函数可以接受任意个数的参数。在前面一节中，我们给了两个参数。我们还可以使用可选的格式字符串参数指定线条的颜色和风格，默认为b-即蓝色实线。你可以指定为其他颜色和风格，如红色虚线。

9.4 动手实践：绘制多项式函数及其导函数

我们来绘制一个多项式函数，以及使用derive函数和参数m为1得到的其一阶导函数。我们已经在之前的“动手实践”教程中完成了第一部分。我们希望用两种不同风格的曲线来区分两条函数曲线。

(1) 创建多项式函数及其导函数。

```
func = np.poly1d(np.array([1, 2, 3, 4]).astype(float)
func1 = func.deriv(m=1)
```

```
x = np.linspace(-10, 10, 30)
y = func(x)
y1 = func1(x)
```

(2)以两种不同风格绘制多项式函数及其导函数：红色圆形和绿色虚线。你可能无法在本书的印刷版中看到彩色图像，因此只能自行尝试绘制图像。

```
plt.plot(x, y, 'ro', x, y1, 'g--')
plt.xlabel('x')
plt.ylabel('y')
plt.show()
```

绘制结果如下图所示。

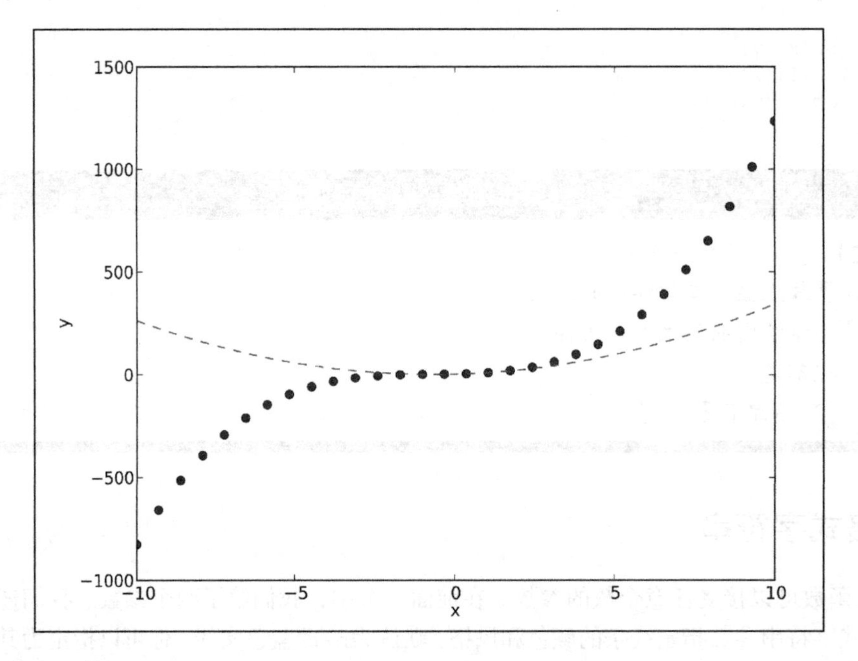

刚才做了些什么

我们使用两种不同风格的曲线绘制了一个多项式函数及其导函数，并只调用了一次plot函数。示例代码见polyplot2.py文件。

```
import numpy as np
import matplotlib.pyplot as plt

func = np.poly1d(np.array([1, 2, 3, 4]).astype(float))
func1 = func.deriv(m=1)
x = np.linspace(-10, 10, 30)
y = func(x)
y1 = func1(x)
```

```
plt.plot(x, y, 'ro', x, y1, 'g--')
plt.xlabel('x')
plt.ylabel('y')
plt.show()
```

9.5 子图

绘图时可能会遇到图中有太多曲线的情况，而你希望分组绘制它们。这可以使用subplot函数完成。

9.6 动手实践：绘制多项式函数及其导函数

我们来绘制一个多项式函数及其一阶和二阶导函数。为了使绘图更加清晰，我们将绘制3张子图。

(1) 创建多项式函数及其导函数。

```
func = np.poly1d(np.array([1, 2, 3, 4]).astype(float))
x = np.linspace(-10, 10, 30)
y = func(x)
func1 = func.deriv(m=1)
y1 = func1(x)
func2 = func.deriv(m=2)
y2 = func2(x)
```

(2) 使用subplot函数创建第一个子图。该函数的第一个参数是子图的行数，第二个参数是子图的列数，第三个参数是一个从1开始的序号。另一种方式是将这3个参数结合成一个数字，如311。这样，子图将被组织成3行1列。设置子图的标题为Polynomial，使用红色实线绘制。

```
plt.subplot(311)
plt.plot(x, y, 'r-')
plt.title("Polynomial")
```

(3) 使用subplot函数创建第二个子图。设置子图的标题为First Derivative，使用蓝色三角形绘制。

```
plt.subplot(312)
plt.plot(x, y1, 'b^')
plt.title("First Derivative")
```

(4) 使用subplot函数创建第三个子图。设置子图的标题为Second Derivative，使用绿色圆形绘制。

```
plt.subplot(313)
plt.plot(x, y2, 'go')
```

9

```
plt.title("Second Derivative")
plt.xlabel('x')
plt.ylabel('y')
plt.show()
```

以1、2、3、4为系数的多项式函数，及其一阶和二阶导数的图像如以下3个子图所示。

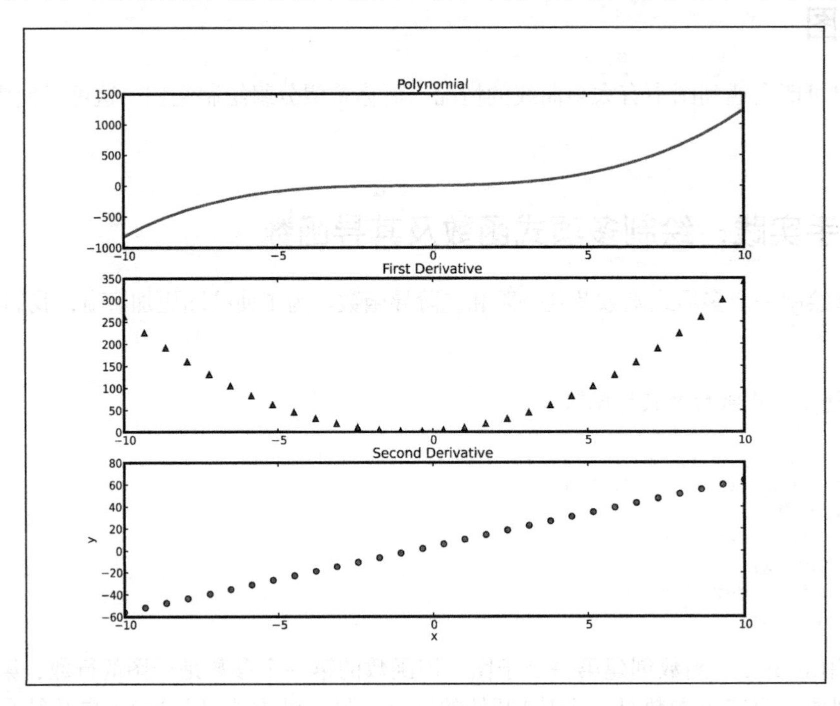

刚才做了些什么

我们使用3种不同风格的曲线在3张子图中分别绘制了一个多项式函数及其一阶和二阶导函数，子图排列成3行1列。示例代码见polyplot3.py文件。

```
import numpy as np
import matplotlib.pyplot as plt

func = np.poly1d(np.array([1, 2, 3, 4]).astype(float))
x = np.linspace(-10, 10, 30)
y = func(x)
func1 = func.deriv(m=1)
y1 = func1(x)
func2 = func.deriv(m=2)
y2 = func2(x)

plt.subplot(311)
plt.plot(x, y, 'r-' )
plt.title("Polynomial")
```

```
plt.subplot(312)
plt.plot(x, y1, 'b^')
plt.title("First Derivative")
plt.subplot(313)
plt.plot(x, y2, 'go')
plt.title("Second Derivative")
plt.xlabel('x')
plt.ylabel('y')
plt.show()
```

9.7 财经

Matplotlib可以帮助我们监控股票投资。使用matplotlib.finance包中的函数可以从雅虎财经频道（http://finance.yahoo.com/）下载股价数据，并绘制成K线图（candlestick）。

9.8 动手实践：绘制全年股票价格

我们可以使用matplotlib.finance包绘制全年的股票价格。获取数据源需要连接到雅虎财经频道。

(1) 将当前的日期减去1年作为起始日期。

```
from matplotlib.dates import DateFormatter
from matplotlib.dates import DayLocator
from matplotlib.dates import MonthLocator
from matplotlib.finance import quotes_historical_yahoo
from matplotlib.finance import candlestick
import sys
from datetime import date
import matplotlib.pyplot as plt
today = date.today()
start = (today.year - 1, today.month, today.day)
```

(2) 我们需要创建所谓的定位器（locator），这些来自matplotlib.dates包中的对象可以在x轴上定位月份和日期。

```
alldays = DayLocator()
months = MonthLocator()
```

(3) 创建一个日期格式化器（date formatter）以格式化x轴上的日期。该格式化器将创建一个字符串，包含简写的月份和年份。

```
month_formatter = DateFormatter("%b %Y")
```

(4) 从雅虎财经频道下载股价数据。

```
quotes = quotes_historical_yahoo(symbol, start, today)
```

(5) 创建一个Matplotlib的`figure`对象——这是绘图组件的顶层容器。

```
fig = plt.figure()
```

(6) 增加一个子图。

```
ax = fig.add_subplot(111)
```

(7) 将x轴上的主定位器设置为月定位器。该定位器负责x轴上较粗的刻度。

```
ax.xaxis.set_major_locator(months)
```

(8) 将x轴上的次定位器设置为日定位器。该定位器负责x轴上较细的刻度。

```
ax.xaxis.set_minor_locator(alldays)
```

(9) 将x轴上的主格式化器设置为月格式化器。该格式化器负责x轴上较粗刻度的标签。

```
ax.xaxis.set_major_formatter(month_formatter)
```

(10) `matplotlib.finance`包中的一个函数可以绘制K线图。这样，我们就可以使用获取的股价数据来绘制K线图。我们可以指定K线图的矩形宽度，现在先使用默认值。

```
candlestick(ax, quotes)
```

(11) 将x轴上的标签格式化为日期。为了更好地适应x轴的长度，标签将被旋转。

```
fig.autofmt_xdate()
plt.show()
```

绘制DISH（Dish Network公司）的K线图如下图所示。

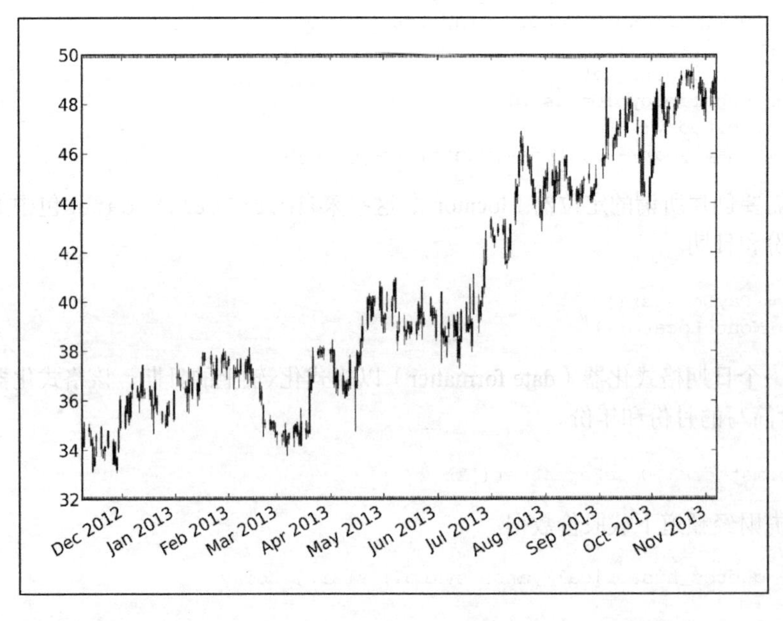

刚才做了些什么

我们从雅虎财经频道下载了某股票的全年股价数据，并据此绘制了K线图。示例代码见candlesticks.py文件。

```
from matplotlib.dates import DateFormatter
from matplotlib.dates import DayLocator
from matplotlib.dates import MonthLocator
from matplotlib.finance import quotes_historical_yahoo
from matplotlib.finance import candlestick
import sys
from datetime import date
import matplotlib.pyplot as plt

today = date.today()
start = (today.year - 1, today.month, today.day)

alldays = DayLocator()
months = MonthLocator()
month_formatter = DateFormatter("%b %Y")

symbol = 'DISH'

if len(sys.argv) == 2:
  symbol = sys.argv[1]

quotes = quotes_historical_yahoo(symbol, start, today)

fig = plt.figure()
ax = fig.add_subplot(111)
ax.xaxis.set_major_locator(months)
ax.xaxis.set_minor_locator(alldays)
ax.xaxis.set_major_formatter(month_formatter)

candlestick(ax, quotes)
fig.autofmt_xdate()
plt.show()
```

9.9 直方图

直方图（histogram）可以将数据的分布可视化。Matplotlib中有便捷的`hist`函数可以绘制直方图。该函数的参数中有这样两项——包含数据的数组以及柱形的数量。

9.10 动手实践：绘制股价分布直方图

我们来绘制从雅虎财经频道下载的股价数据的分布直方图。

(1) 下载一年以来的数据：

```
today = date.today()
start = (today.year - 1, today.month, today.day)

quotes = quotes_historical_yahoo(symbol, start, today)
```

(2) 上一步得到的股价数据存储在Python列表中。将其转化为NumPy数组并提取出收盘价数据：

```
quotes = np.array(quotes)
close = quotes.T[4]
```

(3) 指定合理数量的柱形，绘制分布直方图：

```
plt.hist(close, np.sqrt(len(close)))
plt.show()
```

DISH收盘价的分布直方图如下图所示。

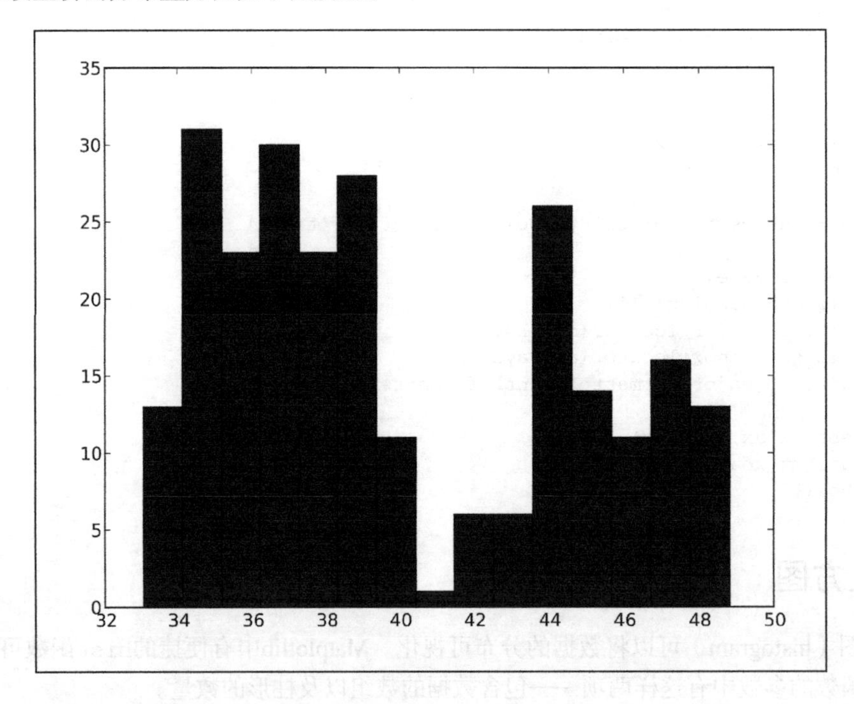

刚才做了些什么

我们绘制了DISH股价的分布直方图。示例代码见stockhistogram.py文件。

```
from matplotlib.finance import quotes_historical_yahoo
import sys
```

```
from datetime import date
import matplotlib.pyplot as plt
import numpy as np

today = date.today()
start = (today.year - 1, today.month, today.day)

symbol = 'DISH'

if len(sys.argv) == 2:
   symbol = sys.argv[1]

quotes = quotes_historical_yahoo(symbol, start, today)
quotes = np.array(quotes)
close = quotes.T[4]

plt.hist(close, np.sqrt(len(close)))
plt.show()
```

勇敢出发：绘制钟形曲线

使用股价的平均值结合标准差绘制一条钟形曲线（即高斯分布或正态分布）。当然，这只是作为练习。

9.11 对数坐标图

当数据的变化范围很大时，对数坐标图（logarithmic plot）很有用。Matplotlib中有`semilogx`函数（对x轴取对数）、`semilogy`函数（对y轴取对数）和`loglog`函数（同时对x轴和y轴取对数）。

9.12 动手实践：绘制股票成交量

股票成交量变化很大，因此我们需要对其取对数后再绘制。首先，我们需要从雅虎财经频道下载历史数据，从中提取出日期和成交量数据，创建定位器和日期格式化器，创建图像并以子图的方式添加。在前面的“动手实践”教程中我们已经完成过这些步骤，因此这里不再赘述。

(1) 使用对数坐标绘制成交量数据。

```
plt.semilogy(dates, volume)
```

现在，我们将设置定位器并将x轴格式化为日期。你可以在前一节中找到这些步骤的说明。使用对数坐标图绘制的DISH股票成交量如下图所示。

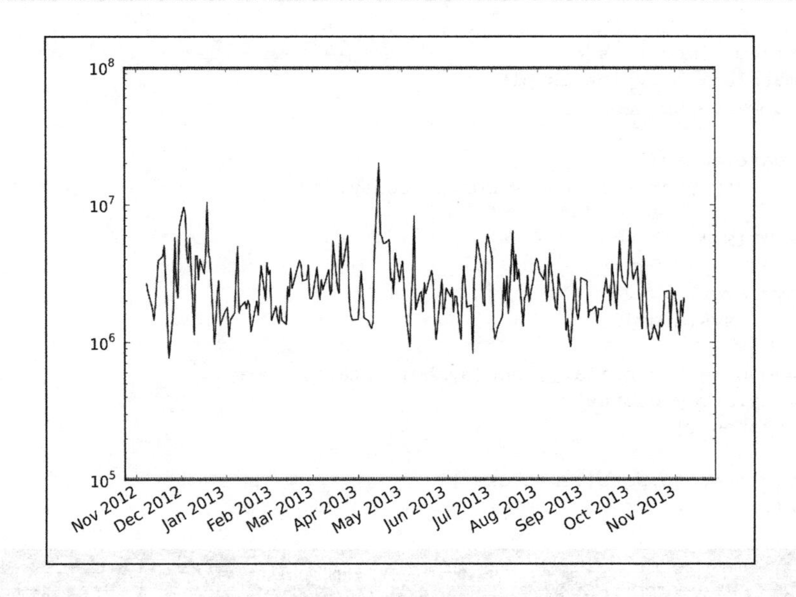

刚才做了些什么

我们绘制了股票成交量的对数坐标图。示例代码见logy.py文件。

```
from matplotlib.finance import quotes_historical_yahoo
from matplotlib.dates import DateFormatter
from matplotlib.dates import DayLocator
from matplotlib.dates import MonthLocator
import sys
from datetime import date
import matplotlib.pyplot as plt
import numpy as np

today = date.today()
start = (today.year - 1, today.month, today.day)

symbol = 'DISH'

if len(sys.argv) == 2:
   symbol = sys.argv[1]

quotes = quotes_historical_yahoo(symbol, start, today)
quotes = np.array(quotes)
dates = quotes.T[0]
volume = quotes.T[5]

alldays = DayLocator()
months = MonthLocator()
month_formatter = DateFormatter("%b %Y")

fig = plt.figure()
```

```
ax = fig.add_subplot(111)
plt.semilogy(dates, volume)
ax.xaxis.set_major_locator(months)
ax.xaxis.set_minor_locator(alldays)
ax.xaxis.set_major_formatter(month_formatter)
fig.autofmt_xdate()
plt.show
```

9.13 散点图

散点图（scatter plot）用于绘制同一数据集中的两种数值变量。Matplotlib的`scatter`函数可以创建散点图。我们可以指定数据点的颜色和大小，以及图像的alpha透明度。

9.14 动手实践：绘制股票收益率和成交量变化的散点图

我们可以便捷地绘制股票收益率和成交量变化的散点图。同样，我们先从雅虎财经频道下载所需的数据。

(1) 得到的`quotes`数据存储在Python列表中。将其转化为NumPy数组并提取出收盘价和成交量数据。

```
dates = quotes.T[4]
volume = quotes.T[5]
```

(2) 计算股票收益率和成交量的变化值。

```
ret = np.diff(close)/close[:-1]
volchange = np.diff(volume)/volume[:-1]
```

(3) 创建一个Matplotlib的`figure`对象。

```
fig = pyplot.figure()
```

(4) 在图像中添加一个子图。

```
ax = fig.add_subplot(111)
```

(5) 创建散点图，并使得数据点的颜色与股票收益率相关联，数据点的大小与成交量的变化相关联。

```
ax.scatter(ret, volchange, c=ret * 100, s=volchange * 100, alpha=0.5)
```

(6) 设置图像的标题并添加网格线。

```
ax.set_title('Close and volume returns')
ax.grid(True)
```

```
pyplot.show()
```

DISH的散点图如下所示。

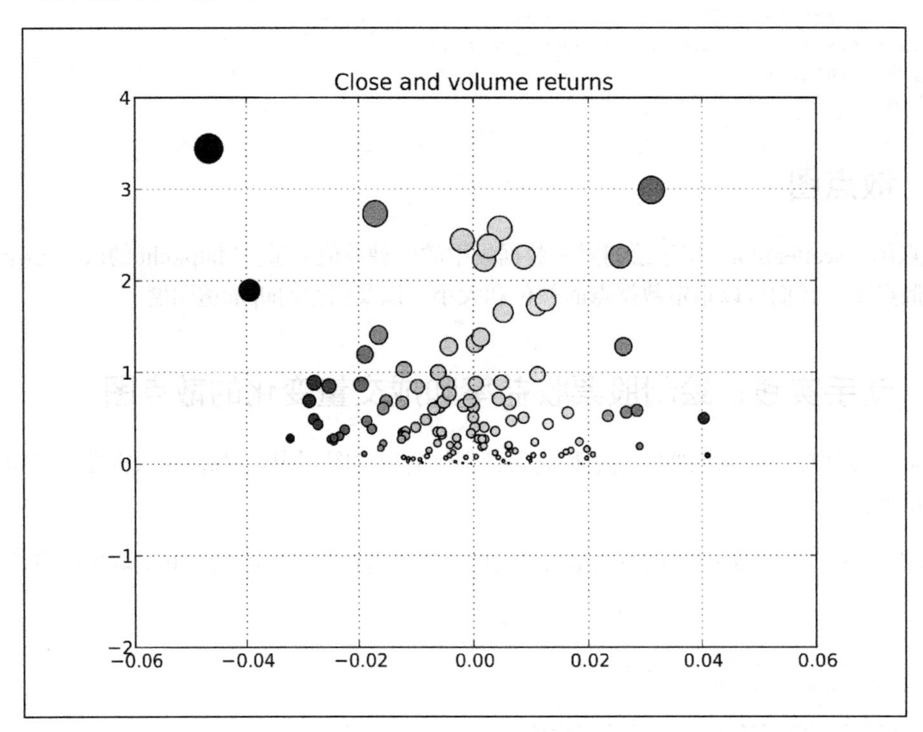

刚才做了些什么

我们绘制了DISH的股票收益率和成交量变化的散点图。示例代码见scatterprice.py文件。

```
from matplotlib.finance import quotes_historical_yahoo
import sys
from datetime import date
import matplotlib.pyplot as plt
import numpy as np

today = date.today()
start = (today.year - 1, today.month, today.day)

symbol = 'DISH'

if len(sys.argv) == 2:
   symbol = sys.argv[1]
quotes = quotes_historical_yahoo(symbol, start, today)
quotes = np.array(quotes)
close = quotes.T[4]
volume = quotes.T[5]
```

```
ret = np.diff(close)/close[:-1]
volchange = np.diff(volume)/volume[:-1]
fig = plt.figure()
ax = fig.add_subplot(111)
ax.scatter(ret, volchange, c=ret * 100, s=volchange * 100, alpha=0.5)
ax.set_title('Close and volume returns')
ax.grid(True)

plt.show()
```

9.15 着色

fill_between函数使用指定的颜色填充图像中的区域。我们也可以选择alpha通道的取值。该函数的where参数可以指定着色的条件。

9.16 动手实践：根据条件进行着色

假设你想对股票曲线图进行着色，并将低于均值和高于均值的收盘价填充为不同颜色。fill_between函数是完成这项工作的最佳选择。我们仍将省略下载一年以来历史数据、提取日期和收盘价数据以及创建定位器和日期格式化器的步骤。

(1) 创建一个Matplotlib的figure对象。

```
fig = plt.figure()
```

(2) 在图像中添加一个子图。

```
ax = fig.add_subplot(111)
```

(3) 绘制收盘价数据。

```
ax.plot(dates, close)
```

(4) 对收盘价下方的区域进行着色，依据低于或高于平均收盘价使用不同的颜色填充。

```
plt.fill_between(dates, close.min(), close,
   where=close>close.mean(), facecolor="green", alpha=0.4)
plt.fill_between(dates, close.min(), close,
   where=close<close.mean(), facecolor="red", alpha=0.4)
```

现在，我们将设置定位器并将x轴格式化为日期，从而完成绘制。根据条件进行着色的DISH股价如下图所示。

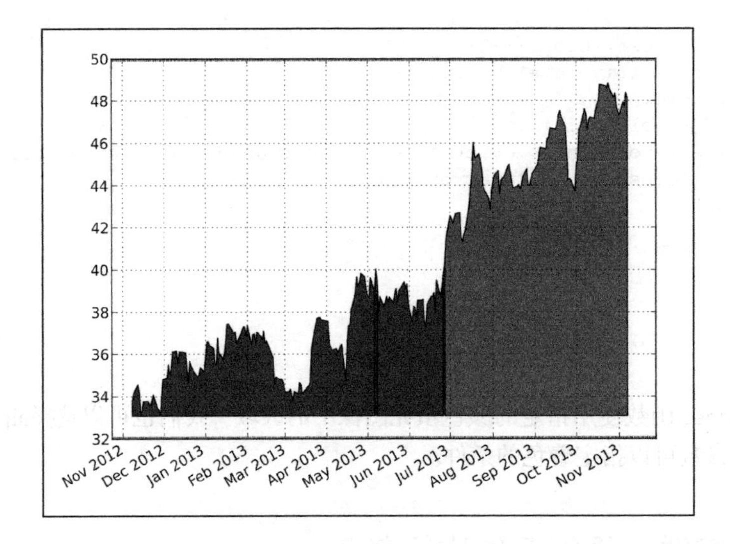

刚才做了些什么

我们对股价图进行了着色，低于平均值的收盘价使用了一种颜色，高于平均值的收盘价使用了另外一种不同的颜色。示例代码见fillbetween.py文件。

```
from matplotlib.finance import quotes_historical_yahoo
from matplotlib.dates import DateFormatter
from matplotlib.dates import DayLocator
from matplotlib.dates import MonthLocator
import sys
from datetime import date
import matplotlib.pyplot as plt
import numpy as np

today = date.today()
start = (today.year - 1, today.month, today.day)

symbol = 'DISH'

if len(sys.argv) == 2:
   symbol = sys.argv[1]

quotes = quotes_historical_yahoo(symbol, start, today)
quotes = np.array(quotes)
dates = quotes.T[0]
close = quotes.T[4]

alldays = DayLocator()
months = MonthLocator()
month_formatter = DateFormatter("%b %Y")

fig = plt.figure()
```

```
ax = fig.add_subplot(111)
ax.plot(dates, close)
plt.fill_between(dates, close.min(), close, where=close>close.mean(), facecolor="green",
alpha=0.4)
plt.fill_between(dates, close.min(), close, where=close<close.mean(),
facecolor="red", alpha=0.4)
ax.xaxis.set_major_locator(months)
ax.xaxis.set_minor_locator(alldays)
ax.xaxis.set_major_formatter(month_formatter)
ax.grid(True)
fig.autofmt_xdate()
plt.show()
```

9.17 图例和注释

对于高质量的绘图，图例和注释是至关重要的。我们可以用legend函数创建透明的图例，并由Matplotlib自动确定其摆放位置。同时，我们可以用annotate函数在图像上精确地添加注释，并有很多可选的注释和箭头风格。

9.18 动手实践：使用图例和注释

在第3章中我们学习了如何计算股价的指数移动平均线。我们将绘制一只股票的收盘价和对应的三条指数移动平均线。为了清楚地描述图像的含义，我们将添加一个图例，并用注释标明两条平均曲线的交点。部分重复的步骤将被略去。

(1) 计算并绘制指数移动平均线：如果需要，请回到第3章中复习一下指数移动平均线的计算方法。分别使用9、12和15作为周期数计算和绘制指数移动平均线。

```
emas = []
for i in range(9, 18, 3):
    weights = np.exp(np.linspace(-1., 0., i))
    weights /= weights.sum()
    ema = np.convolve(weights, close)[i-1:-i+1]
    idx = (i - 6)/3
    ax.plot(dates[i-1:], ema, lw=idx, label="EMA(%s)" % (i))
    data = np.column_stack((dates[i-1:], ema))
    emas.append(np.rec.fromrecords( data, names=["dates", "ema"]))
```

注意，调用plot函数时需要指定图例的标签。我们将指数移动平均线的值存在数组中，为下一步做准备。

(2) 我们来找到两条指数移动平均曲线的交点。

```
first = emas[0]["ema"].flatten()
second = emas[1]["ema"].flatten()
bools = np.abs(first[-len(second):] - second)/second < 0.0001
xpoints = np.compress(bools, emas[1])
```

(3) 我们将找到的交点用注释和箭头标注出来，并确保注释文本在交点的不远处。

```
for xpoint in xpoints:
    ax.annotate('x', xy=xpoint, textcoords='offset points',
                xytext=(-50, 30),
                arrowprops=dict(arrowstyle="->"))
```

(4) 添加一个图例并由Matplotlib自动确定其摆放位置。

```
leg = ax.legend(loc='best', fancybox=True)
```

(5) 设置alpha通道值，将图例透明化。

```
leg.get_frame().set_alpha(0.5)
```

包含图例和注释的股价及指数移动平均线图如下所示。

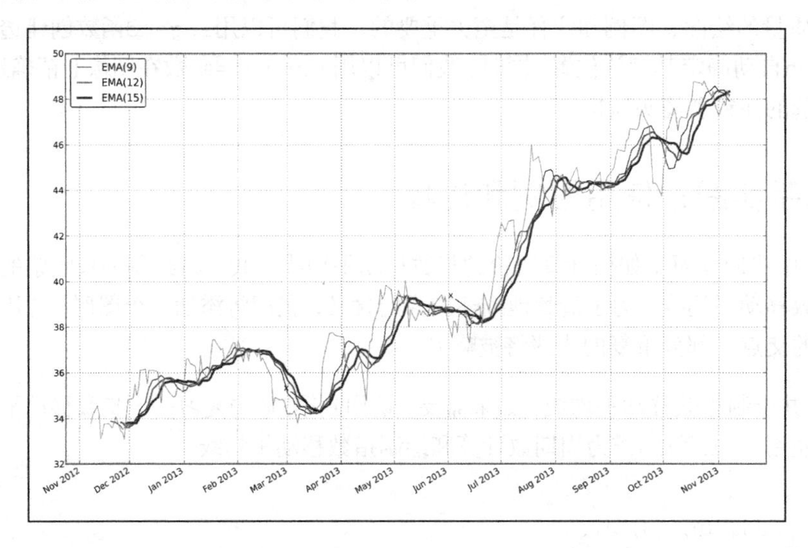

刚才做了些什么

我们绘制了股票收盘价和对应的三条指数移动平均线。我们添加了一个图例，并使用注释将其中两条曲线的交点标注了出来。示例代码见emalegend.py文件。

```
from matplotlib.finance import quotes_historical_yahoo
from matplotlib.dates import DateFormatter
from matplotlib.dates import DayLocator
from matplotlib.dates import MonthLocator
import sys
from datetime import date
import matplotlib.pyplot as plt
import numpy as np

today = date.today()
```

```
start = (today.year - 1, today.month, today.day)

symbol = 'DISH'

if len(sys.argv) == 2:
    symbol = sys.argv[1]
quotes = quotes_historical_yahoo(symbol, start, today)
quotes = np.array(quotes)
dates = quotes.T[0]
close = quotes.T[4]

fig = plt.figure()
ax = fig.add_subplot(111)

emas = []
for i in range(9, 18, 3):
    weights = np.exp(np.linspace(-1., 0., i))
    weights / = weights.sum()

    ema = np.convolve(weights, close)[i-1:-i+1]
    idx = (i - 6)/3
    ax.plot(dates[i-1:], ema, lw=idx, label="EMA(%s)" % (i))
    data = np.column_stack((dates[i-1:], ema))
    emas.append(np.rec.fromrecords(data, names=["dates", "ema"]))

first = emas[0]["ema"].flatten()
second = emas[1]["ema"].flatten()
bools = np.abs(first[-len(second):] - second)/second < 0.0001
xpoints = np.compress(bools, emas[1])

for xpoint in xpoints:
    ax.annotate('x', xy=xpoint, textcoords='offset points',
                xytext=(-50, 30),
                arrowprops=dict(arrowstyle="->"))

leg = ax.legend(loc='best', fancybox=True)
leg.get_frame().set_alpha(0.5)

alldays = DayLocator()
months = MonthLocator()
month_formatter = DateFormatter("%b %Y")
ax.plot(dates, close, lw=1.0, label="Close")
ax.xaxis.set_major_locator(months)
ax.xaxis.set_minor_locator(alldays)
ax.xaxis.set_major_formatter(month_formatter)
ax.grid(True)
fig.autofmt_xdate()
plt.show()
```

9.19 三维绘图

三维绘图非常壮观华丽，因此我们必须涵盖这部分内容。对于3D作图，我们需要一个和三维投影相关的Axes3D对象。

9.20 动手实践：在三维空间中绘图

我们将在三维空间中绘制一个简单的三维函数。

$$z = x^2 = y^2$$

(1) 我们需要使用3d关键字来指定图像的三维投影。

```
ax = fig.add_subplot(111, projection='3d')
```

(2) 我们将使用meshgrid函数创建一个二维的坐标网格。这将用于变量x和y的赋值。

```
u = np.linspace(-1, 1, 100)

x, y = np.meshgrid(u, u)
```

(3) 我们将指定行和列的步幅，以及绘制曲面所用的色彩表（color map）。步幅决定曲面上“瓦片”的大小，而色彩表的选择取决于个人喜好。

```
ax.plot_surface(x, y, z, rstride=4, cstride=4, cmap=cm.YlGnBu_r)
```

3D绘图的结果如下所示。

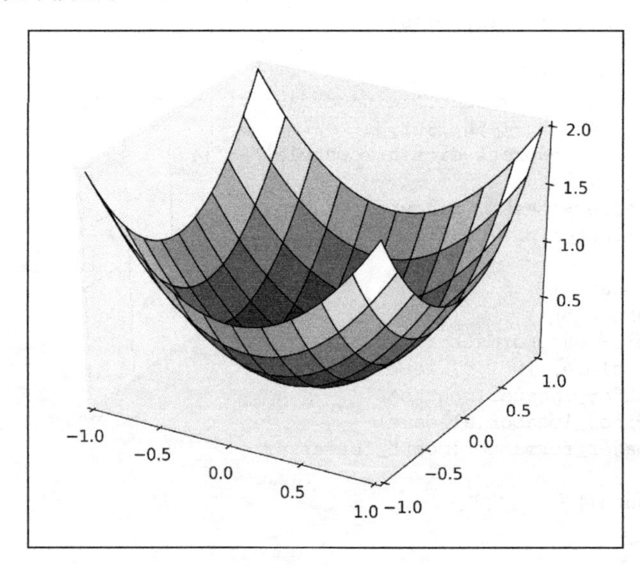

刚才做了些什么

我们绘制了一个三维空间中的函数。示例代码见three_d.py文件。

```
from mpl_toolkits.mplot3d import Axes3D
import matplotlib.pyplot as plt
import numpy as np
from matplotlib import cm

fig = plt.figure()
ax = fig.add_subplot(111, projection='3d')

u = np.linspace(-1, 1, 100)
x, y = np.meshgrid(u, u)
z = x ** 2 + y ** 2
ax.plot_surface(x, y, z, rstride=4, cstride=4, cmap=cm.YlGnBu_r)

plt.show()
```

9.21 等高线图

Matplotlib中的等高线3D绘图有两种风格——填充的和非填充的。我们可以使用contour函数创建一般的等高线图。对于色彩填充的等高线图，可以使用contourf绘制。

9.22 动手实践：绘制色彩填充的等高线图

我们将对前面“动手实践”中的三维数学函数绘制色彩填充的等高线图。代码也非常简单，一个重要的区别是我们不再需要指定三维投影的参数。使用下面这行代码绘制等高线图：

```
ax.contourf(x, y, z)
```

输出结果如下图所示。

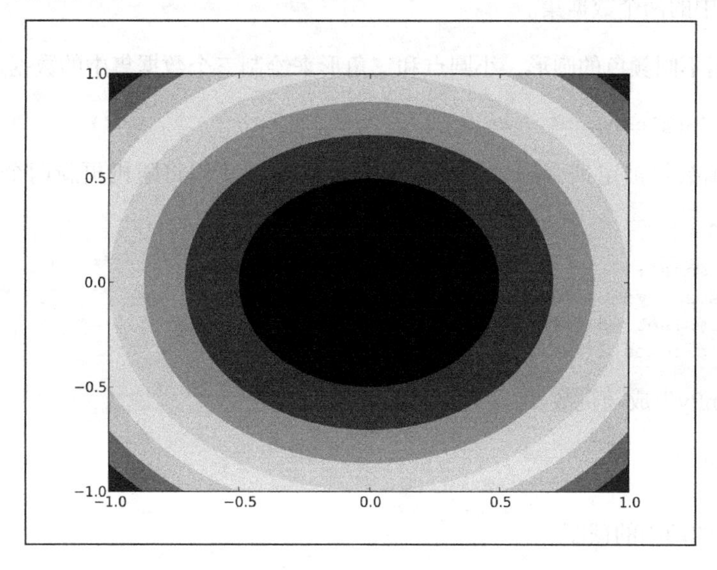

刚才做了些什么

我们对一个三维数学函数绘制了色彩填充的等高线图。示例代码见contour.py文件。

```
import matplotlib.pyplot as plt
import numpy as np
from matplotlib import cm

fig = plt.figure()
ax = fig.add_subplot(111)

u = np.linspace(-1, 1, 100)

x, y = np.meshgrid(u, u)
z = x ** 2 + y ** 2
ax.contourf(x, y, z)

plt.show()
```

9.23 动画

Matplotlib提供酷炫的动画功能。Matplotlib中有专门的动画模块。我们需要定义一个回调函数，用于定期更新屏幕上的内容。我们还需要一个函数来生成图中的数据点。

9.24 动手实践：制作动画

我们将绘制三个随机生成的数据集，分别用圆形、小圆点和三角形来显示。不过，我们将只用随机值更新其中的两个数据集。

(1) 我们将用不同颜色的圆形、小圆点和三角形来绘制三个数据集中的数据点。

```
circles, triangles, dots = ax.plot(x, 'ro', y, 'g^', z, 'b.')
```

(2) 下面的函数将被定期调用以更新屏幕上的内容。我们将随机更新两个数据集中的y坐标值。

```
def update(data):
    circles.set_ydata(data[0])
    triangles.set_ydata(data[1])
    return circles, triangles
```

(3) 使用NumPy生成随机数。

```
def generate():
    while True: yield np.random.rand(2, N)
```

以下是生成的动画的截图。

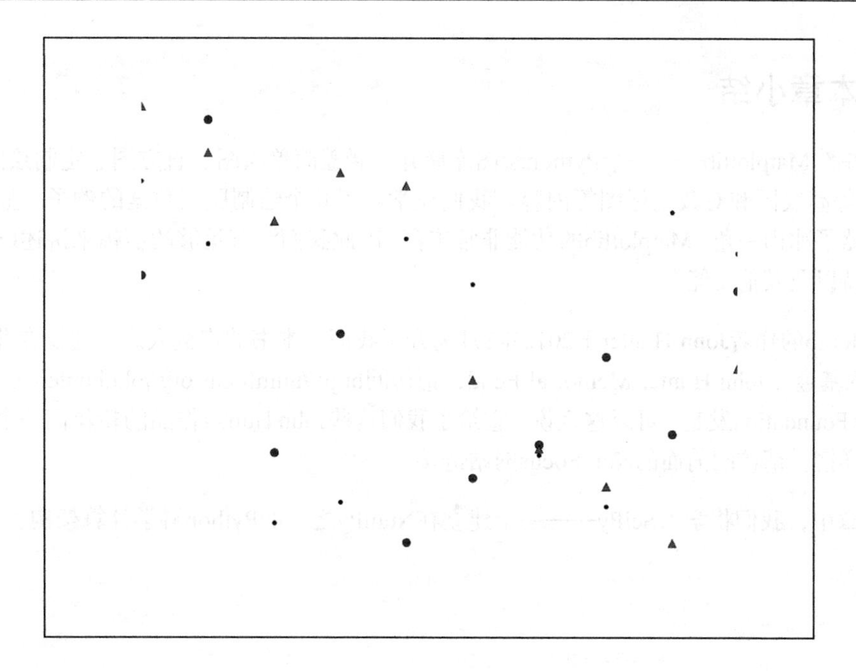

刚才做了些什么

我们使用随机数据点制作了一个动画。示例代码见animation.py文件。

```
import numpy as np
import matplotlib.pyplot as plt
import matplotlib.animation as animation

fig = plt.figure()
ax = fig.add_subplot(111)
N = 10
x = np.random.rand(N)
y = np.random.rand(N)
z = np.random.rand(N)
circles, triangles, dots = ax.plot(x, 'ro', y, 'g^', z, 'b.')
ax.set_ylim(0, 1)
plt.axis('off')

def update(data):
    circles.set_ydata(data[0])
    triangles.set_ydata(data[1])
    return circles, triangles

def generated:
    while True: yield np.random.rand(2, N)

anim = animation.FuncAnimation(fig, update, generate, interval=150)
plt.show()
```

9.25 本章小结

本章围绕Matplotlib——一个Python绘图库展开，涵盖简单绘图、直方图、定制绘图、子图、3D绘图、等高线图和对数坐标图等内容。我们还学习了几个绘制股票数据的例子。显然，我们还只是领略了冰山一角。Matplotlib的功能非常丰富，因此我们没有足够的篇幅来讲述LaTex支持、极坐标支持以及其他功能。

Matplotlib的作者John Hunter于2012年8月离开了我们。本书的审稿人之一建议在此提及John Hunter纪念基金（John Hunter Memorial Fund，请访问http://numfocus.org/johnhunter/）。该基金由NumFocus Foundation发起，可以这么说，它给了我们这些John Hunter作品的粉丝们一个回报的机会。更多详情，请访问前面的NumFocus网站链接。

下一章中，我们将学习SciPy——一个建立在NumPy之上的Python科学计算架构。

第 10 章 NumPy的扩展：SciPy

SciPy是世界著名的Python开源科学计算库，建立在NumPy之上。它增加的功能包括数值积分、最优化、统计和一些专用函数。

本章涵盖以下内容：

- 文件输入/输出；
- 统计；
- 信号处理；
- 最优化；
- 插值；
- 图像和音频处理。

10.1 MATLAB 和 Octave

MATLAB以及其开源替代品Octave都是流行的数学工具。`scipy.io`包的函数可以在Python中加载或保存MATLAB和Octave的矩阵和数组。`loadmat`函数可以加载`.mat`文件。`savemat`函数可以将数组和指定的变量名字典保存为`.mat`文件。

10.2 动手实践：保存和加载.mat 文件

如果我们一开始使用了NumPy数组，随后希望在MATLAB或Octave环境中使用这些数组，那么最简单的办法就是创建一个`.mat`文件，然后在MATLAB或Octave中加载这个文件。请完成如下步骤。

(1) 创建NumPy数组并调用`savemat`创建一个`.mat`文件。该函数有两个参数——一个文件名和一个包含变量名和取值的字典。

```
a = np.arange(7)

io.savemat("a.mat", {"array": a})
```

(2) 在MATLAB或Octave环境中加载.mat文件，并检查数组中存储的元素。

```
octave-3.4.0:7> load a.mat
octave-3.4.0:8> a

octave-3.4.0:8> array
array =

0
1
2
3
4
5
6
```

刚才做了些什么

我们使用NumPy代码创建了一个.mat文件并在Octave中成功加载。我们检查了之前创建的NumPy数组的元素。示例代码见scipyio.py文件。

```
import numpy as np
from scipy import io

a = np.arange(7)

io.savemat("a.mat", {"array": a})
```

突击测验：加载.mat类型的文件

问题1　以下哪个函数可以加载.mat类型的文件？

(1) Loadmatlab

(2) loadmat

(3) loadoct

(4) frommat

10.3　统计

SciPy的统计模块是scipy.stats，其中有一个类是连续分布的实现，一个类是离散分布的实现。此外，该模块中还有很多用于统计检验的函数。

10.4 动手实践：分析随机数

我们将按正态分布生成随机数，并使用scipy.stats包中的统计函数分析生成的数据。请完成如下步骤。

(1) 使用scipy.stats包按正态分布生成随机数。

```
generated = stats.norm.rvs(size=900)
```

(2) 用正态分布去拟合生成的数据，得到其均值和标准差：

```
print "Mean", "Std", stats.norm.fit(generated)
```

均值和标准差如下所示：

```
Mean Std (0.0071293257063200707, 0.95537708218972528)
```

(3) 偏度（skewness）描述的是概率分布的偏斜（非对称）程度。我们来做一个偏度检验。该检验有两个返回值，其中第二个返回值为p-value，即观察到的数据集服从正态分布的概率，取值范围为0~1。

```
print "Skewtest", "pvalue", stats.skewtest(generated)
```

偏度检验返回的结果如下：

```
Skewtest pvalue (-0.62120640688766893, 0.5344638245033837)
```

因此，该数据集有53%的概率服从正态分布。

(4) 峰度（kurtosis）描述的是概率分布曲线的陡峭程度。我们来做一个峰度检验。该检验与偏度检验类似，当然这里是针对峰度。

```
print "Kurtosistest", "pvalue", stats.kurtosistest(generated)
```

峰度检验返回的结果如下：

```
Kurtosistest pvalue (1.306538101953 6981, 0.19136963054975586)
```

(5) 正态性检验（normality test）可以检查数据集服从正态分布的程度。我们来做一个正态性检验。该检验同样有两个返回值，其中第二个返回值为p-value。

```
print "Normaltest", "pvalue", stats.normaltest(generated)
```

正态性检验返回的结果如下：

```
Normaltest pvalue (2.09293921181506, 0.35117535059841687)
```

(6) 使用SciPy我们可以很方便地得到数据所在的区段中某一百分比处的数值：

```
print "95 percentile", stats.scoreatpercentile(generated, 95)
```

得到95%处的数值如下：

```
95 percentile 1.54048860252
```

(7) 将前一步反过来，我们也可以从数值1出发找到对应的百分比：

```
print "Percentile at 1", stats.percentileofscore(generated, 1)
```

得到对应的百分比如下：

```
Percentile at 1 85.5555555556
```

(8) 使用Matplotlib绘制生成数据的分布直方图。有关Matplotlib的详细介绍可以在前一章中找到。

```
plt.hist(generated)
plt.show()
```

生成随机数的直方图如下所示。

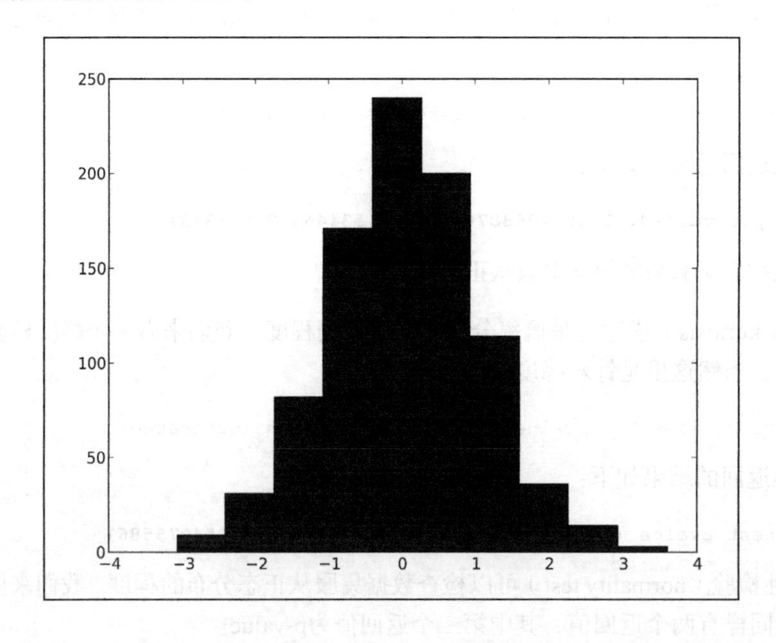

刚才做了些什么

我们按正态分布生成了一个随机数据集，并使用scipy.stats模块分析了该数据集。示例代码见statistics.py文件。

```
from scipy import stats
import matplotlib.pyplot as plt
```

```
generated = stats.norm.rvs(size=900)
print "Mean", "Std", stats.norm.fit(generated)
print "Skewtest", "pvalue", stats.skewtest(generated)
print "Kurtosistest", "pvalue", stats.kurtosistest(generated)
print "Normaltest", "pvalue", stats.normaltest(generated)
print "95 percentile", stats.scoreatpercentile(generated, 95)
print "Percentile at 1", stats.percentileofscore(generated, 1)
plt.hist(generated)
plt.show()
```

勇敢出发：改进数据生成

从本节中的直方图来看，数据生成仍有改进的空间。尝试使用NumPy或调节`scipy.stats.norm.rvs`函数的参数。

10.5 样本比对和 SciKits

我们经常会遇到两组数据样本，它们可能来自不同的实验，但互相有一些关联。统计检验可以进行样本比对。`scipy.stats`模块中已经实现了部分统计检验。

另一种笔者喜欢的统计检验是`scikits.statsmodels.stattools`中的Jarque-Bera正态性检验。SciKits是Python的小型实验工具包，它并不是SciPy的一部分。此外还有pandas（Python Data Analysis Library），它是`scikits.statsmodels`的分支。你可以访问https://scikits.appspot.com/scikits查阅SciKits的模块索引。你可以使用`setuptools`安装`statsmodels`，命令如下：

```
easy_install statsmodels
```

10.6 动手实践：比较股票对数收益率

我们将使用Matplotlib下载一年以来的两只股票的数据。如同前面的章节中所述，我们可以从雅虎财经频道获取股价数据。我们将比较DIA和SPY收盘价的对数收益率。我们还将在两只股票对数收益率的差值上应用Jarque-Bera正态性检验。请完成如下步骤。

(1) 编写一个函数，用于返回指定股票的收盘价数据。

```
def get_close(symbol):
    today = date.today()
    start = (today.year - 1, today.month, today.day)

    quotes = quotes_historical_yahoo(symbol, start, today)
    quotes = np.array(quotes)
```

```
    return quotes.T[4]
```

(2) 计算DIA和SPY的对数收益率。先对收盘价取自然对数，然后计算连续值之间的差值，即得到对数收益率。

```
spy = np.diff(np.log(get_close("SPY")))
dia = np.diff(np.log(get_close("DIA")))
```

(3) 均值检验可以检查两组不同的样本是否有相同的均值。返回值有两个，其中第二个为p-value，取值范围为0~1。

```
print "Means comparison", stats.ttest_ind(spy, dia)
```

均值检验的结果如下：

```
Means comparison (-0.017995865641886155, 0.98564930169871368)
```

因此有98%的概率两组样本对数收益率的均值相同。

(4) Kolmogorov-Smirnov检验可以判断两组样本同分布的可能性。

```
print "Kolmogorov smirnov test", stats.ks_2samp(spy, dia)
```

同样，该函数有两个返回值，其中第二个为p-value。

```
Kolmogorov smirnov test (0.063492063492063516, 0.67615647616238039)
```

(5) 在两只股票对数收益率的差值上应用Jarque-Bera正态性检验。

```
print "Jarque Bera test", jarque_bera(spy - dia)[1]
```

Jarque-Bera正态性检验得到的p-value如下：

```
Jarque Bera test 0.596125711042
```

(6) 使用Matplotlib绘制对数收益率以及其差值的直方图。

```
plt.hist(spy, histtype="step", lw=1, label="SPY")
plt.hist(dia, histtype="step", lw=2, label="DIA")
plt.hist(spy - dia, histtype="step", lw=3,label="Delta")
plt.legend()
plt.show()
```

绘制结果如下图所示。

刚才做了些什么

我们比较了DIA和SPY样本数据的对数收益率，还对它们的差值应用了Jarque-Bera正态性检验。示例代码见pair.py文件。

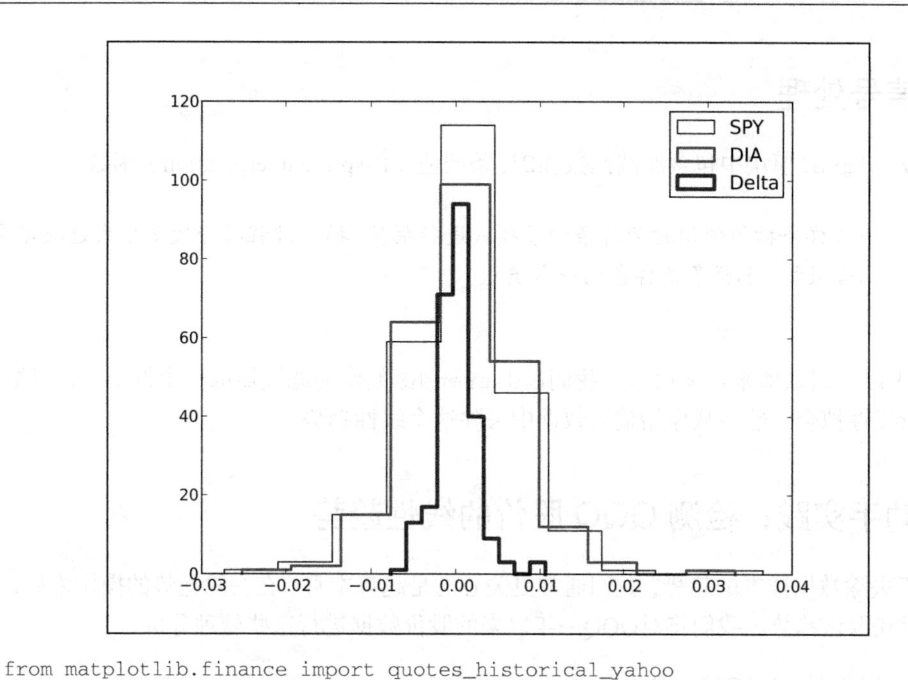


```
from matplotlib.finance import quotes_historical_yahoo
from datetime import date
import numpy as np
from scipy import stats
from statsmodels.stats.stattools import jarque_bera
import matplotlib.pyplot as plt


def get_close(symbol):
    today = date.today()
    start = (today.year - 1, today.month, today.day)

    quotes = quotes_historical_yahoo(symbol, start, today)
    quotes = np.array(quotes)

    return quotes.T[4]

spy = np.diff(np.log(get_close("SPY")))
dia = np.diff(np.log(get_close("DIA")))

print "Means comparison", stats.ttest_ind(spy, dia)
print "Kolmogorov smirnov test", stats.ks_2samp(spy, dia)

print "Jarque Bera test", jarque_bera(spy - dia)[1]

plt.hist(spy, histtype="step", lw=1, label="SPY")
plt.hist(dia, histtype="step", lw=2, label="DIA")
plt.hist(spy - dia, histtype="step", lw=3, label="Delta")
plt.legend()
plt.show()
```

10.7　信号处理

scipy.signal模块中包含滤波函数和B样条插值（B-spline interpolation）函数。

样条插值使用称为样条的多项式进行插值。插值过程将分段多项式连接起来拟合数据。B样条是样条的一种类型。

SciPy中以一组数值来定义信号。我们以detrend函数作为滤波器的一个例子。该函数可以对信号进行线性拟合，然后从原始输入数据中去除这个线性趋势。

10.8　动手实践：检测 QQQ 股价的线性趋势

相比于去除数据样本的趋势，我们通常更关心的是趋势本身。在去除趋势的操作之后，我们仍然很容易获取该趋势。我们将对QQQ一年以来的股价数据进行这些处理分析。

(1) 编写代码获取QQQ的收盘价和对应的日期数据。

```
today = date.today()
start = (today.year - 1, today.month, today.day)

quotes = quotes_historical_yahoo("QQQ", start, today)
quotes = np.array(quotes)

dates = quotes.T[0]
qqq = quotes.T[4]
```

(2) 去除信号中的线性趋势。

```
y = signal.detrend(qqq)
```

(3) 创建月定位器和日定位器。

```
alldays = DayLocator()
months = MonthLocator ()
```

(4) 创建一个日期格式化器以格式化x轴上的日期。该格式化器将创建一个字符串，包含简写的月份和年份。

```
month_formatter = DateFormatter("%b %Y")
```

(5) 创建图像和子图。

```
fig = plt.figure()
ax = fig.add_subplot(111)
```

(6) 绘制股价数据以及将去除趋势后的信号从原始数据中减去所得到的潜在趋势。

```
plt.plot(dates, qqq, 'o', dates, qqq - y, '-')
```

(7) 设置定位器和格式化器。

```
ax.xaxis.set_minor_locator(alldays)
ax.xaxis.set_major_locator(months)
ax.xaxis.set_major_formatter(month_formatter)
```

(8) 将x轴上的标签格式化为日期。

```
fig.autofmt_xdate()
plt.show()
```

QQQ的股价以及趋势线如下图所示。

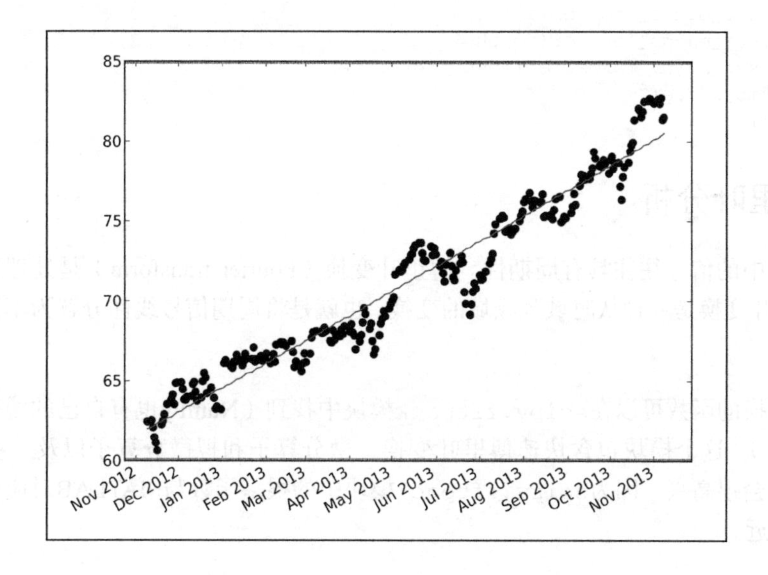

刚才做了些什么

我们绘制了QQQ的收盘价数据以及对应的趋势线。示例代码见trend.py文件。

```
from matplotlib.finance import quotes_historical_yahoo
from datetime import date
import numpy as np
from scipy import signal
import matplotlib.pyplot as plt
from matplotlib.dates import DateFormatter
from matplotlib.dates import DayLocator
from matplotlib.dates import MonthLocator

today = date.today()
start = (today.year - 1, today.month, today.day)
```

```
quotes = quotes_historical_yahoo("QQQ", start, today)
quotes = np.array(quotes)

dates = quotes.T[0]
qqq = quotes.T[4]

y = signal.detrend(qqq)

alldays = DayLocator()
months = MonthLocator()
month_formatter = DateFormatter("%b %Y")

fig = plt.figure()
ax = fig.add_subplot(111)

plt.plot(dates, qqq, 'o', dates, qqq - y, '-')
ax.xaxis.set_minor_locator(alldays)
ax.xaxis.set_major_locator(months)
ax.xaxis.set_major_formatter(month_formatter)
fig.autofmt_xdate()
plt.show()
```

10.9　傅里叶分析

现实世界中的信号往往具有周期性。傅里叶变换（Fourier transform）是处理这些信号的常用工具。傅里叶变换是一种从时域到频域的变换，也就是将周期信号线性分解为不同频率的正弦和余弦函数。

傅里叶变换的函数可以在`scipy.fftpack`模块中找到（NumPy也有自己的傅里叶工具包，即`numpy.fft`）。这个模块包含快速傅里叶变换、微分算子和拟微分算子以及一些辅助函数。MATLAB用户会很高兴，因为`scipy.fftpack`模块中的很多函数与MATLAB对应的函数同名，且功能也很相近。

10.10　动手实践：对去除趋势后的信号进行滤波处理

在10.8节我们学习了如何去除信号中的趋势。去除趋势后的信号可能有周期性的分量，我们将其显现出来。一些步骤已在前面的“动手实践”教程中出现过，如下载数据和设置Matplotlib对象。这些步骤将被略去。

(1) 应用傅里叶变换，得到信号的频谱。

```
amps = np.abs(fftpack.fftshift(fftpack.rfft(y)))
```

(2) 滤除噪声。如果某一频率分量的大小低于最强分量的10%，则将其滤除。

```
amps[amps < 0.1 * amps.max()] = 0
```

(3) 将滤波后的信号变换回时域，并和去除趋势后的信号一起绘制出来。

```
plt.plot(dates, y, 'o', label="detrended")
plt.plot(dates,-fftpack.irfft(fftpack.ifftshift(amps)), label="filtered")
```

(4) 将x轴上的标签格式化为日期，并添加一个特大号的图例。

```
fig.autofmt_xdate()
plt.legend(prop={'size':'x-large'})
```

(5) 添加第二个子图，绘制滤波后的频谱。

```
ax2 = fig.add_subplot(212)
N = len(qqq)
plt.plot(np.linspace(-N/2, N/2, N), amps, label="transformed")
```

(6) 显示图像和图例。

```
plt.legend(prop={'size':'x-large'})

plt.show()
```

绘制的信号和频谱如下图所示。

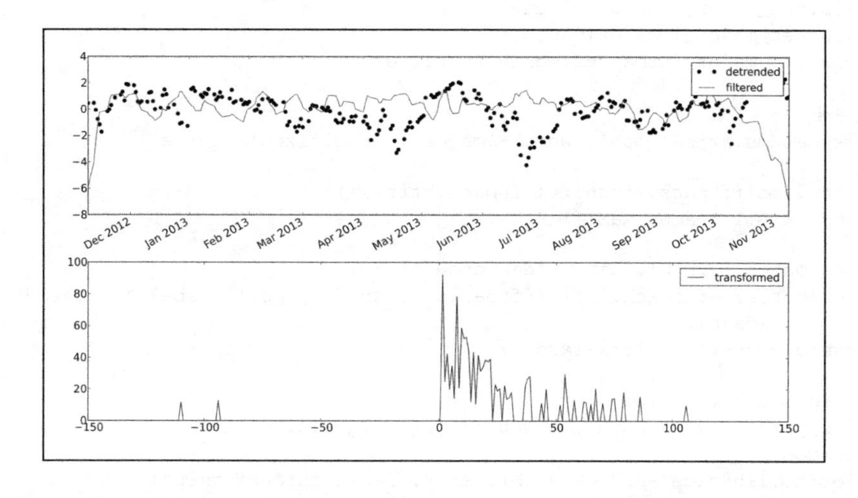

刚才做了些什么

我们去除了一个信号的趋势，并使用scipy.fftpack模块对其应用了一个简单的滤波器。示例代码见frequencies.py文件。

```
from matplotlib.finance import quotes_historical_yahoo
from datetime import date
import numpy as np
from scipy import signal
import matplotlib.pyplot as plt
```

```
from scipy import fftpack
from matplotlib.dates import DateFormatter
from matplotlib.dates import DayLocator
from matplotlib.dates import MonthLocator


today = date.today()
start = (today.year - 1, today.month, today.day)

quotes = quotes_historical_yahoo("QQQ", start, today)
quotes = np.array(quotes)

dates = quotes.T[0]
qqq = quotes.T[4]
y = signal.detrend(qqq)

alldays = DayLocator()
months = MonthLocator()
month_formatter = DateFormatter("%b %Y")

fig = plt.figure()
fig.subplots_adjust(hspace=.3)
ax = fig.add_subplot(211)

ax.xaxis.set_minor_locator(alldays)
ax.xaxis.set_major_locator(months)
ax.xaxis.set_major_formatter(month_formatter)

# 调大字号
ax.tick_params(axis='both', which='major', labelsize='x-large')

amps = np.abs(fftpack.fftshift(fftpack.rfft(y)))
amps[amps < 0.1 * amps.max()] = 0

plt.plot(dates, y, 'o', label="detrended")
plt.plot(dates, -fftpack.irfft(fftpack.ifftshift(amps)), label="filtered")
fig.autofmt_xdate()
plt.legend(prop={'size':'x-large'})

ax2 = fig.add_subplot(212)
ax2.tick_params(axis='both', which='major', labelsize='x-large')
N = len(qqq)
plt.plot(np.linspace(-N/2, N/2, N), amps, label="transformed")

plt.legend(prop={'size':'x-large'})
plt.show()
```

10.11　数学优化

优化算法（optimization algorithm）尝试寻求某一问题的最优解，例如找到函数的最大值或最小值，函数可以是线性或者非线性的。解可能有一些特定的约束，例如不允许有负数。在scipy.optimize模块中提供了一些优化算法，最小二乘法函数leastsq就是其中之一。当调用这个函数时，我们需要提供一个残差（误差项）函数。这样，leastsq将最小化残差的平方和。得到的解与我们使用的数学模型有关。我们还需要为算法提供一个起始点，这应该是一个最好的猜测——尽可能接近真实解。否则，程序执行800轮迭代后将停止。

10.12 动手实践：拟合正弦波

在10.10节中，我们为去除趋势后的数据创建了一个简单的滤波器。现在，我们使用一个限制性更强的滤波器，只保留主频率部分。我们将拟合一个正弦波并绘制结果。该模型有4个参数——振幅、频率、相位和垂直偏移。请完成如下步骤。

(1) 根据正弦波模型，定义residuals函数：

```
def residuals(p, y, x):
    A,k,theta,b = p
    err = y-A * np.sin(2* np.pi* k * x + theta) + b

    return err
```

(2) 将滤波后的信号变换回时域：

```
filtered = -fftpack.irfft(fftpack.ifftshift(amps))
```

(3) 猜测参数的值，尝试估计从时域到频域的变换函数：

```
N = len(qqq)
f = np.linspace(-N/2, N/2, N)
p0 = [filtered.max(), f[amps.argmax()]/(2*N), 0, 0]
print "P0", p0
```

初始值如下所示：

```
P0 [2.6679532410065212, 0.00099598469163686377, 0, 0]
```

(4) 调用leastsq函数：

```
plsq = optimize.leastsq(residuals, p0, args=(filtered,dates))
p = plsq[0]
print "P", p
```

最终的参数值如下所示：

```
P [2.67678014e+00 2.73033206e-03 -8.00007036e+03 -5.01260321e-03]
```

(5) 在第一个子图中绘制去除趋势后的数据、滤波后的数据及其拟合曲线。将x轴格式化为日期，并添加一个图例。

```
plt.plot(dates, y, 'o', label="detrended")
plt.plot(dates, filtered, label="filtered")
```

```
plt.plot(dates, p[0] * np.sin(2 * np.pi * dates * p[1] + p[2]) + p[3], '^', label="fit")
fig.autofmt_xdate()
plt.legend(prop={'size':'x-large'})
```

(6) 添加第二个子图，绘制主频率部分的频谱图和图例。

```
ax2 = fig.add_subplot(212)
plt.plot(f, amps, label="transformed")
```

绘制结果如下图所示。

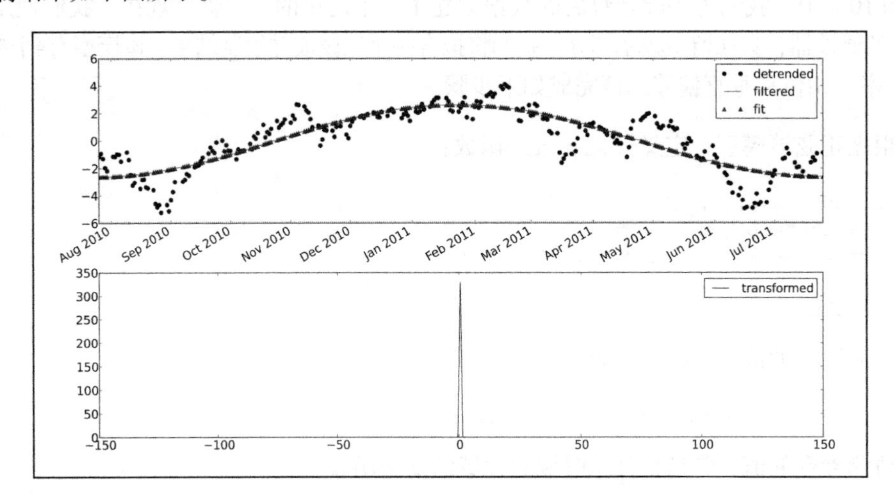

刚才做了些什么

我们对一年以来的QQQ股价数据进行了去趋势处理。然后进行了滤波处理，仅保留了频谱上的主频率部分。我们使用scipy.optimize模块对滤波后的信号拟合了一个正弦波函数。示例代码见optfit.py文件。

```
from matplotlib.finance import quotes_historical_yahoo
import numpy as np
import matplotlib.pyplot as plt
from scipy import fftpack
from scipy import signal
from matplotlib.dates import DateFormatter
from matplotlib.dates import DayLocator
from matplotlib.dates import MonthLocator
from scipy import optimize

start = (2010, 7, 25)
end = (2011, 7, 25)

quotes = quotes_historical_yahoo("QQQ", start, end)
quotes = np.array(quotes)

dates = quotes.T[0]
```

```
qqq = quotes.T[4]

y = signal.detrend(qqq)


alldays = DayLocator()
months = MonthLocator()
month_formatter = DateFormatter("%b %Y")

fig = plt.figure()
fig.subplots_adjust(hspace=.3)
ax = fig.add_subplot(211)

ax.xaxis.set_minor_locator(alldays)
ax.xaxis.set_major_locator(months)
ax.xaxis.set_major_formatter(month_formatter)
ax.tick_params(axis='both', which='major', labelsize='x-large')

amps = np.abs(fftpack.fftshift(fftpack.rfft(y)))
amps[amps < amps.max()] = 0

def residuals(p, y, x):
    A,k,theta,b = p
    err = y-A * np.sin(2* np.pi* k * x + theta) + b

    return err

filtered = -fftpack.irfft(fftpack.ifftshift(amps))
N = len(qqq)
f = np.linspace(-N/2, N/2, N)
p0 = [filtered.max(), f[amps.argmax()]/(2*N), 0, 0]
print "P0", p0

plsq = optimize.leastsq(residuals, p0, args=(filtered, dates))
p = plsq[0]
print "P", p
plt.plot(dates, y, 'o', label="detrended")
plt.plot(dates, filtered, label="filtered")
plt.plot(dates, p[0] * np.sin(2 * np.pi * dates * p[1] + p[2]) + p[3], '^', label="fit")
fig.autofmt_xdate()
plt.legend(prop={'size':'x-large'})

ax2 = fig.add_subplot(212)
ax2.tick_params(axis='both', which='major', labelsize='x-large')
plt.plot(f, amps, label="transformed")

plt.legend(prop={'size':'x-large'})
plt.show()
```

10

10.13 数值积分

SciPy中有数值积分的包`scipy.integrate`，在NumPy中没有相同功能的包。`quad`函数可以求单变量函数在两点之间的积分，这些点之间的距离可以是无穷小或无穷大。该函数使用最简单的数值积分方法即梯形法则（trapezoid rule）进行计算。

10.14　动手实践：计算高斯积分

高斯积分（Gaussian integral）出现在误差函数（数学中记为erf）的定义中，但高斯积分本身的积分区间是无穷的，它的值等于pi的平方根。我们将使用quad函数计算它。

使用quad函数计算高斯积分。

```
print "Gaussian integral", np.sqrt(np.pi),
integrate.quad(lambda x: np.exp(-x**2), -np.inf, np.inf)
```

计算结果和对应的误差如下所示：

```
Gaussian integral 1.77245385091 (1.7724538509055159, 1.4202636780944923e- 08)
```

刚才做了些什么

我们使用quad函数计算了高斯积分。

10.15　插值

插值（interpolation）即在数据集已知数据点之间“填补空白”。scipy.interpolate函数可以根据实验数据进行插值。interp1d类可以创建线性插值（linear interpolation）或三次插值（cubic interpolation）的函数。默认将创建线性插值函数，三次插值函数可以通过设置kind参数来创建。interp2d类的工作方式相同，只不过用于二维插值。

10.16　动手实践：一维插值

我们将使用sinc函数创建数据点并添加一些随机噪音。随后，我们将进行线性插值和三次插值，并绘制结果。请完成如下步骤。

(1) 创建数据点并添加噪音：

```
x = np.linspace(-18, 18, 36)
noise = 0.1 * np.random.random(len(x))
signal = np.sinc(x) + noise
```

(2) 创建一个线性插值函数，并应用于有5倍数据点个数的输入数组：

```
interpreted = interpolate.interp1d(x, signal)
```

```
x2 = np.linspace(-18, 18, 180)
y = interpreted(x2)
```

(3) 执行与前一步相同的操作，不过这里使用三次插值。

```
cubic = interpolate.interp1d(x, signal, kind="cubic")
y2 = cubic(x2)
```

(4) 使用Matplotlitb绘制结果。

```
plt.plot(x, signal, 'o', label="data")
plt.plot(x2, y, '-', label="linear")
plt.plot(x2, y2, '-', lw=2, label="cubic")

plt.legend()
plt.show()
```

绘制的数据点、线性插值和三次插值结果如下图所示。

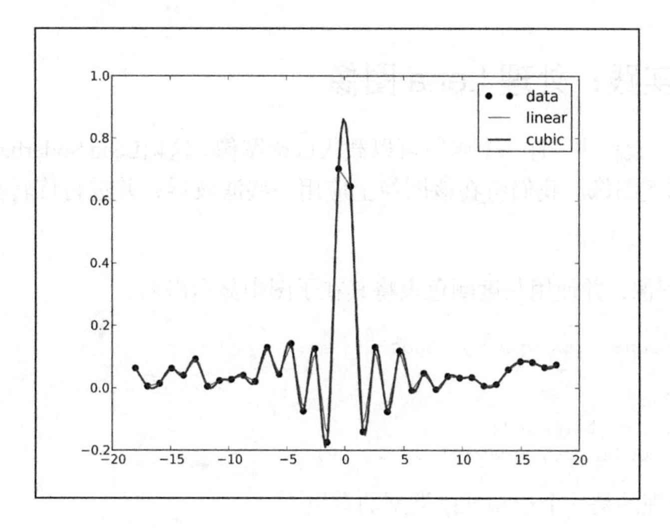

刚才做了些什么

我们用`sinc`函数创建了一个数据集并加入了噪音，然后使用`scipy.interpolate`模块中的`interp1d`类进行了线性插值和三次插值。示例代码见sincinterp.py文件。

```
import numpy as np
from seipy import interpolate
import matplotlib.pyplot as plt

x = np.linspaee(-18, 18, 36)
noise = 0.1 * np.random.random(len(x))
signal = np.sinc(x) + noise

interpreted = interpolate.interpld(x, signal)
```

```
x2 = np.linspace(-18, 18, 180)
y = interpreted(x2)

cubic = interpolate.interp1d(x, signal, kind="cubic")
y2 = cubic(x2)

plt.plot(x, signal, 'o', label="data")
plt.plot(x2, y, '-',  label="linear")
plt.plot(x2, y2, '-', lw=2, label="cubic" )

plt.legend()
plt.show()
```

10.17　图像处理

我们可以使用scipy.ndimage包进行图像处理。该模块包含各种图像滤波器和工具函数。

10.18　动手实践：处理 Lena 图像

在scipy.misc模块中，有一个函数可以载入Lena图像。这幅Lena Soderberg的图像是被用做图像处理的经典示例图像。我们将在该图像上应用一些滤波器，并进行旋转操作。请完成如下步骤。

(1) 载入Lena图像，并使用灰度颜色表将其在子图中显示出来。

```
image = misc.lena().astype(np.float32)

plt.subplot(221)
plt.title("Original Image")
img = plt.imshow(image, cmap=plt.cm.gray)
```

注意，我们处理的是一个float32类型的数组。

(2) 中值滤波器扫描信号的每一个数据点，并替换为相邻数据点的中值。对图像应用中值滤波器并显示在第二个子图中。

```
plt.subplot(222)
plt.title("Median Filter")
filtered = ndimage.median_filter(image, size=(42,42))
plt.imshow(filtered, cmap=plt.cm.gray)
```

(3) 旋转图像并显示在第三个子图中。

```
plt.subplot(223)
plt.title("Rotated")
rotated = ndimage.rotate(image, 90)
plt.imshow(rotated, cmap=plt.cm.gray)
```

(4) Prewitt滤波器是基于图像强度的梯度计算。对图像应用Prewitt滤波器并显示在第四个子图中。

```
plt.subplot(224)
plt.title("Prewitt Filter")
filtered = ndimage.prewitt(image)
plt.imshow(filtered, cmap=plt.cm.gray)
plt.show()
```

结果如下图所示。

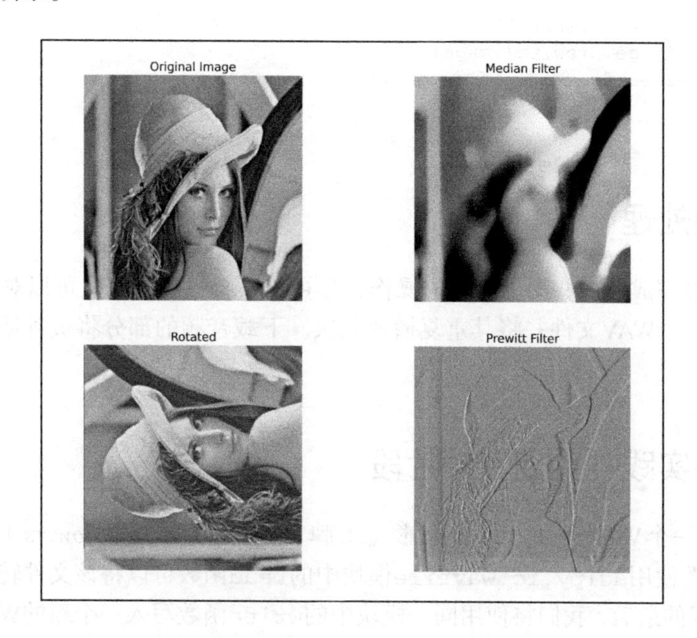

刚才做了些什么

我们使用scipy.ndimage模块对Lena图像进行了一些处理操作。示例代码见images.py文件。

```
from scipy import misc
import numpy as np
import matplotlib.pyplot as plt
from scipy import ndimage

image = misc.lena().astype(np.float32)

plt.subplot(221)
plt.title("Original Image")
img = plt.imshow(image, cmap=plt.cm.gray)
plt.axis("off")

plt.subplot(222)
plt.title("Median Filter")
```

```
filtered = ndimage.median_filter(image, size=(42,42))
plt.imshow(filtered, cmap=plt.cm.gray)
plt.axis("off"  )

plt.subplot(223)
plt.title("Rotated")
rotated = ndimage.rotate(image, 90)
plt.imshow(rotated, cmap=plt.cm.gray)
plt.axis("off")

plt.subplot(224)
plt.title("Prewitt Filter")
filtered = ndimage.prewitt(image)
plt.imshow(filtered, cmap=plt.cm.gray)
plt.axis("off")
plt.show()
```

10.19　音频处理

既然我们已经完成了一些图像处理的操作，你可能不会惊讶我们也可以对WAV文件进行处理。我们将下载一个WAV文件并将其重复播放几次。下载音频的部分将被省略，只保留常规的Python代码。

10.20　动手实践：重复音频片段

我们将下载一个WAV文件，来自电影《王牌大贱谍》（*Austin Powers*）中的一声呼喊："Smashing, baby!" 使用scipy.io.wavfile模块中的read函数可以将该文件转换为一个NumPy数组。在本节教程的最后，我们将使用同一模块中的write函数写入一个新的WAV文件。我们将使用tile函数来重复播放音频片段。请完成如下步骤。

(1) 使用read函数读入文件：

```
sample_rate, data = wavfile.read(WAV_FILE)
```

该函数有两个返回值——采样率和音频数据。在本节教程中，我们只需要用到音频数据。

(2) 应用tile函数：

```
repeated = np.tile(data, int(sys.argv[1]))
```

(3) 使用write函数写入一个新文件：

```
wavfile.write("repeated_yababy.wav", sample_rate, repeated)
```

原始音频数据和重复四遍的音频片段如下图所示。

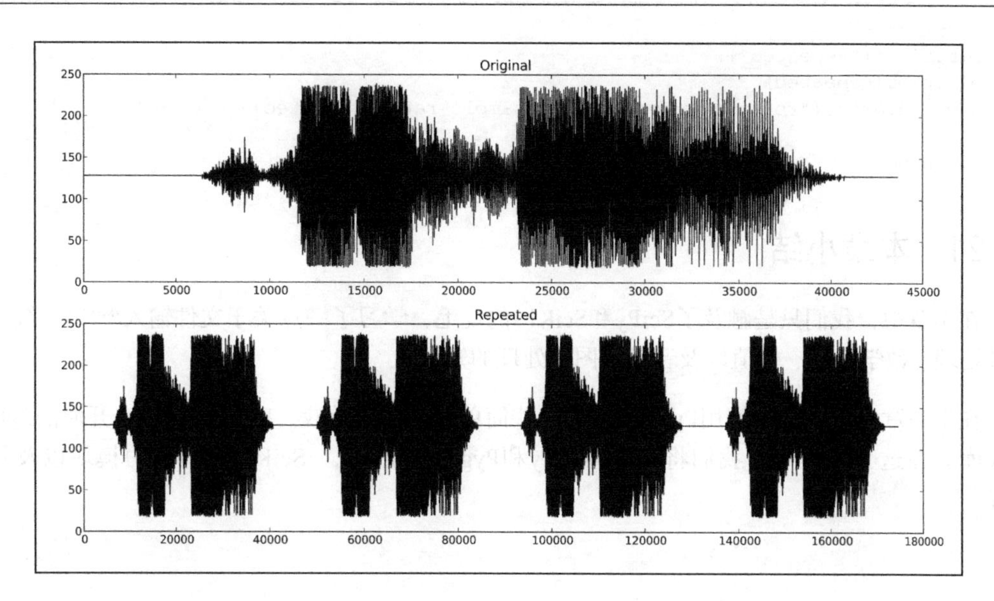

刚才做了些什么

我们读入了一个音频片段，将其重复四遍并将新数组写入了一个新的WAV文件。示例代码见repeat_audio.py文件。

```
from scipy.io import wavfile
import matplotlib.pyplot as plt
import urllib2
import numpy as np
import sys

response = urllib2.urlopen('http://www.thesoundarchive.com/austinpowers/
smashingbaby.wav')
print response.info()
WAV_FILE = 'smashingbaby.wav'
filehandle = open(WAV_FILE, 'w')
filehandle.write(response.read())
filehandle.close()
sample_rate, data = wavfile.read(WAV_FILE)
print "Data type", data.dtype, "Shape", data.shape

plt.subplot(2, 1, 1)
plt.title("Original" )
plt.plot(data)

plt.subplot(2, 1, 2)

# 重复音频片段
repeated = np.tile(data, int(sys.argv[1]))

# 绘制音频数据
```

```
plt.title("Repeated")
plt.plot(repeated)
wavfile.write("repeated_yababy.wav", sample_rate, repeated)

plt.show ()
```

10.21　本章小结

在本章中，我们只是触及了SciPy和SciKits的皮毛，学习了一点关于文件输入/输出、统计、信号处理、数学优化、插值以及音频和图像处理的知识。

在下一章中，我们将使用Pygame制作一些简单但有趣的游戏。Pygame是一个开源的Python游戏库。在这个过程中，我们将学习NumPy和Pygame的集成、SciKits机器学习模块以及其他内容。

第 11 章 玩转Pygame

本章写给需要使用NumPy和Pygame快速并且简易地进行游戏制作的开发者。基本的游戏开发经验对于阅读本章内容有帮助，但并不是必需的。

本章涵盖以下内容：

- Pygame基础；
- Matplotlib集成；
- 屏幕像素矩阵；
- 人工智能；
- 动画；
- OpenGL。

11.1 Pygame

Pygame最初是由Pete Shinners编写的一套Python架构。顾名思义，Pygame可以用于制作电子游戏。自2004年起，Pygame成为GPL（General Public License，通用公共许可证）下的开源免费软件，这意味着你可以使用它制作任何类型的游戏。Pygame基于**SDL**（Simple DirectMedia Layer，简易直控媒体层）。SDL是一套C语言架构，可用于在各种操作系统中（包括Linux、Mac OS X和Windows）访问图形、声音、键盘以及其他输入设备。

11.2 动手实践：安装 Pygame

在本节教程中，我们将安装Pygame。Pygame基本上可以与所有版本的Python兼容。不过在编写本书的时候，和Python 3仍有一些兼容问题，但这些问题很可能不久就会被修复。请完成如下步骤安装Pygame。

(1) 根据你所使用的操作系统，选择一种方式安装Pygame。

- Debian和Ubuntu Pygame可以在Debian软件库中找到：http://packages.qa.debian.org/p/pygame.html。
- Windows　根据所使用的Python版本，我们可以从Pygame的网站上（http://www.pygame.org/download.shtml）下载合适的二进制安装包。
- Mac Pygame在Mac OS X 10.3及以上版本的二进制安装包也可以在这里下载：http://www.pygame.org/download.shtml。

(2) Pygame支持`distutils`系统进行编译和安装。按照默认选项安装Pygame，只需要简单执行如下命令：

```
python setup.py
```

如果你需要关于安装选项的更多信息，请输入：

```
python setup.py help
```

(3) 编译代码需要操作系统上的编译器支持。配置编译器环境超出了本书的范畴。更多关于在Windows系统上编译Pygame的信息请访问http://pygame.org/wiki/CompileWindows。更多关于在Mac OS X系统上编译Pygame的信息请访问http://pygame.org/wiki/MacCompile。

11.3　Hello World

我们将制作一个简单的游戏，并在本章后续内容中加以改进。按照程序设计类书籍的传统，我们将从一个Hello World示例程序开始。

11.4　动手实践：制作简单游戏

值得注意的是，所有的动作都会在所谓的游戏主循环中发生，以及使用`font`模块来呈现文本。在这个程序中，我们将利用Pygame的`Surface`对象进行绘图，并处理一个退出事件。请完成如下步骤。

(1) 首先，导入所需要的Pygame模块。如果Pygame已经正确安装，将不会有任何报错；否则，请返回安装教程。

```
import pygame, sys
from pygame.locals import *
```

(2) 我们将初始化Pygame，创建一块400 × 300像素大小的显示区域，并将窗口标题设置为**Hello World!**。

```
pygame.init()
screen = pygame.display.set_mode((400, 300))

pygame.display.set_caption('Hello World!')
```

(3) 游戏通常会有一个主循环一直运行，直到退出事件的发生。在本例中，我们仅仅在坐标(100, 100)处设置一个Hello World文本标签，文本的字体大小为19，颜色为红色。

```
while True:
    sysFont = pygame.font.SysFont("None", 19)
    rendered = sysFont.render ('Hello World', 0, (255, 100, 100))
    screen.blit(rendered, (100, 100))

    for event in pygame.event.get():
      if event.type == QUIT:
        pygame.quit()
        sys.exit()

    pygame.display.update()
```

得到的结果如下图所示。

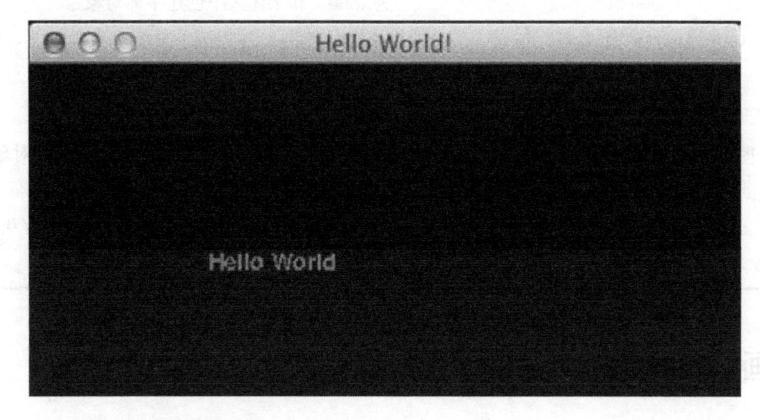

示例程序Hello World的完整代码：

```
import pygame, sys
from pygame.locals import *

pygame.init()
screen = pygame.display.set_mode((400, 300))

pygame.display.set_caption('Hello World!')

while True:
    sysFont = pygame.font.SysFont("None", 19)
    rendered = sysFont.render ('Hello World', 0, (255, 100, 100))
    screen.blit(rendered, (100, 100))

    for event in pygame.event.get():
```

```
        if event.type == QUIT:
          pygame.quit()
          sys.exit()

    pygame.display.update()
```

刚才做了些什么

在本节教程中，虽然看起来内容不多，但其实我们已经学习了很多。我们将出现过的函数总结在下面的表格中。

函　　数	描　　述
pygame.init()	该函数用于初始化，需要在调用其他Pygame函数前被调用
pygame.display.set_mode((400, 300))	该函数创建所谓的Surface对象用于绘图。我们为该函数提供一个元组来表示对象的大小
pygame.display.set_caption('Hello World!')	该函数可将窗口标题设置为指定的字符串
pygame.font.SysFont("None", 19)	该函数根据英文逗号隔开的系统字体列表字符串（在本例中为None）和字体大小创建字体对象
sysFont.render('Hello World', 0, (255, 100, 100))	该函数在Surface对象上呈现文本。最后一个参数是一个元组，即以RGB值表示的颜色
screen.blit(rendered, (100, 100))	该函数在Surface对象上进行绘制
pygame.event.get()	该函数用于获取Event对象列表。Event对象表示系统中的一些特殊事件，如用户退出游戏
pygame.quit()	该函数清理Pygame使用的资源。在退出游戏前调用此函数
pygame.display.update()	该函数刷新屏幕上显示的内容

11.5　动画

大部分游戏，即使是最“静态”的那些，也有一定程度的动画部分。从一个程序员的角度来看，动画只不过是不同的时间在不同地点显示对象，从而模拟对象的移动。

Pygame提供Clock对象，用于控制每秒钟绘图的帧数。这可以保证动画与CPU的快慢无关。

11.6　动手实践：使用 NumPy 和 Pygame 制作动画对象

我们将载入一个图像并使用NumPy定义一条沿屏幕的顺时针路径。请完成如下步骤。

(1) 创建一个Pygame的Clock对象，如下所示：

```
clock = pygame.time.Clock()
```

(2) 和本书配套的源代码文件一起，有一张头部的图片。我们将载入这张图片，并使之在屏幕上移动。

```
img = pygame.image.load('head.jpg')
```

(3) 我们将定义一些数组来储存动画中图片的位置坐标。既然对象可以被移动，那么应该有四个方向——上、下、左、右。每一个方向上都有40个等距的步长。我们将各方向上的值全部初始化为0。

```
steps = np.linspace(20, 360, 40).astype(int)
right = np.zeros((2, len(steps)))
down = np.zeros((2, len(steps)))
left = np.zeros((2, len(steps)))
up = np.zeros((2, len(steps)))
```

(4) 设置图片的位置坐标是一件很烦琐的事情。不过，有一个小技巧可以用上——[::-1]可以获得倒序的数组元素。

```
right[0] = steps
right[1] = 20

down[0] = 360
down[1] = steps

left[0] = steps[::-1]
left[1] = 360

up[0] = 20
up[1] = steps[::-1]
```

(5) 四个方向的路径可以连接在一起，但需要先用T操作符对数组进行转置操作，使得它们以正确的方式对齐。

```
pos = np.concatenate((right.T, down.T, left.T, up.T))
```

(6) 在主循环中，我们设置时钟周期为每秒30帧：

```
clock.tick(30)
```

以下是动画的截图。

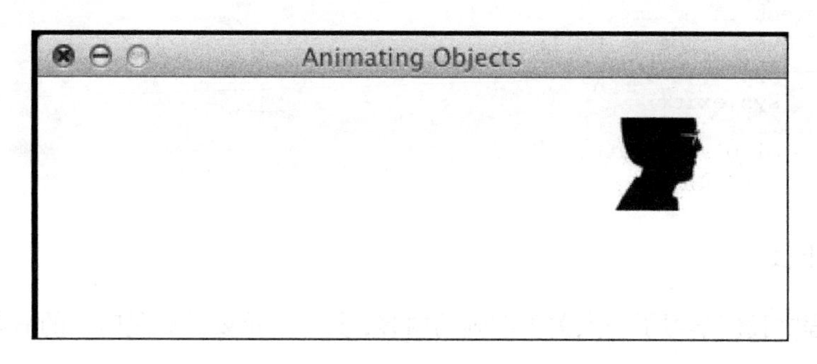

你可以访问https://www.youtube.com/watch?v=m2TagGiq1fs观看本动画的视频。

本例中的代码用到了几乎我们学习到的所有内容，不过应该很容易理解：

```
import pygame, sys
from pygame.locals import *
 import numpy as np
pygame.init()
clock = pygame.time.Clock()
screen = pygame.display.set_mode((400, 400))

pygame.display.set_caption('Animating Objects')
img = pygame.image.load('head.jpg')

steps = np.linspace(20, 360, 40).astype(int)
right = np.zeros((2, len(steps)))
down = np.zeros((2, len(steps)))
left = np.zeros((2, len(steps)))
up = np.zeros((2, len(steps)))

right[0] = steps
right[1] = 20

down[0] = 360
down[1] = steps

left[0] = steps[::-1]
left[1] = 360

up[0] = 20
up[1] = steps[::-1]

pos = np.concatenate((right.T, down.T, left.T, up.T))
i = 0

while True:
     # 清屏
     screen.fill((255, 255, 255))

     if i >= len(pos):
       i = 0

     screen.blit(img, pos[i])
     i += 1

     for event in pygame.event.get():
        if event.type == QUIT:
            pygame.quit()
            sys.exit()

     pygame.display.update()
     clock.tick(30)
```

刚才做了些什么

在本节教程中我们学习了一点关于动画的内容，其中最重要的就是时钟的概念。我们将使用到的新函数总结在下面的表格中。

函　数	描　述
`pygame.time.Clock()`	该函数创建一个游戏中的时钟对象
`clock.tick(30)`	该函数设置时钟周期。这里的30即每秒钟的帧数

11.7　Matplotlib

我们在第9章中学习过Matplotlib，这是一个可以便捷绘图的开源工具库。我们可以在Pygame中集成Matplotlib，绘制各种各样的图像。

11.8　动手实践：在 Pygame 中使用 Matplotlib

在本节教程中，我们将使用前一节教程中的位置坐标并为其绘制图像。请完成如下步骤。

(1) 使用非交互式的后台：为了在Pygame中集成Matplotlib，我们需要使用一个非交互式的后台，否则Matplotlib会默认显示一个GUI窗口。我们将引入Matplotlib主模块并调用`use`函数。该函数必须在引入Matplotlib主模块后并引入其他Matplotlib模块前立即调用。

```
import matplotlib as mpl

mpl.use("Agg")
```

(2) 非交互式绘图可以在Matplotlib画布（canvas）上完成。创建画布需要引入模块、创建图像和子图。我们将指定图像大小为3 × 3英寸。更多细节请参阅本节末尾的代码。

```
import matplotlib.pyplot as plt
import matplotlib.backends.backend_agg as agg

fig = plt.figure(figsize=[3, 3])
ax = fig.add_subplot(111)
canvas = agg.FigureCanvasAgg(fig)
```

(3) 在非交互模式下绘图比在默认模式下稍复杂一点。由于我们要反复多次绘图，因此有必要将绘图代码组织成一个函数。图像最终应绘制在画布上，这使得我们的步骤变得复杂了一些。在本例的最后，你可以找到这些函数更为详细的说明。

```
def plot(data):
    ax.plot(data)
    canvas.draw()
    renderer = canvas.get_renderer()

    raw_data = renderer.tostring_rgb()
    size = canvas.get_width_height()

    return pygame.image.fromstring(raw_data, size, "RGB")
```

动画的截图如下所示。你也可以访问YouTube观看本例的视频，地址为https://www.youtube.com/watch?v=t6qTeXxtnl4。

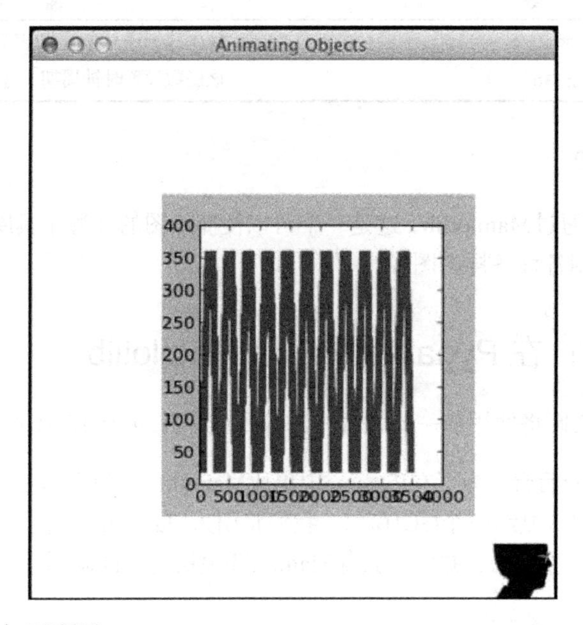

(4) 改动后的代码如下所示：

```
import pygame, sys
from pygame.locals import *
import numpy as np
import matplotlib as mpl

mpl.use("Agg")
import matplotlib.pyplot as plt
import matplotlib.backends.backend_agg as agg

fig = plt.figure(figsize=[3, 3])
ax = fig.add_subplot(111)
canvas = agg.FigureCanvasAgg(fig)

def plot(data):
    ax.plot(data)
    canvas.draw()
    renderer = canvas.get_renderer()

    raw_data = renderer.tostring_rgb()
    size = canvas.get_width_height()

    return pygame.image.fromstring(raw_data, size, "RGB")

pygame.init()
clock = pygame.time.Clock()
```

```
screen = pygame.display.set_mode((400, 400))

pygame.display.set_caption('Animating Objects')
img = pygame.image.load('head.jpg')

steps = np.linspace(20, 360, 40).astype(int)
right = np.zeros((2, len(steps)))
down = np.zeros((2, len(steps)))
left = np.zeros((2, len(steps)))
up = np.zeros((2, len(steps)))

right[0] = steps
right[1] = 20

down[0] = 360
down[1] = steps

left[0]     = steps[::-1]
left[1]     = 360

up[0] =     20
up[1] =     steps[::-1]

pos = np.concatenate((right.T, down.T, left.T, up.T))
i = 0
history = np.array([])
surf = plot(history)

while True:
      # 清屏
      screen.fill((255, 255, 255))

      if i >= len(pos):
        i = 0
        surf = plot(history)

      screen.blit(img, pos[i])
      history = np.append(history, pos[i])
      screen.blit(surf,(100, 100))

      i += 1
      for event in pygame.event.get():
         if event.type == QUIT:
            pygame.quit()
            sys.exit()

      pygame.display.update()
      clock.tick(30)
```

刚才做了些什么

下表给出了绘图相关函数的说明。

函 数	描 述
mpl.use("Agg")	该函数指定使用非交互式后端
plt.figure(figsize=[3, 3])	该函数创建一个大小为3×3平方英寸的图像
agg.FigureCanvasAgg(fig)	该函数在非交互模式下创建一个画布
canvas.draw()	该函数在画布上进行绘制
canvas.get_renderer()	该函数获取画布的渲染器

11.9 屏幕像素

Pygame的surfarray模块可以处理PygameSurface对象和NumPy数组之间的转换。你或许还记得，NumPy可以快速、高效地处理大规模数组。

11.10 动手实践：访问屏幕像素

在本节教程中，我们将平铺一张小图片以填充游戏界面。请完成如下步骤。

(1) array2d函数将像素存入一个二维数组。还有相似的函数，将像素存入三维数组。我们将avatar头像图片的像素存入数组：

```
pixels = pygame.surfarray.array2d(img)
```

(2) 我们使用shape属性获取像素数组pixels的形状，并据此创建游戏界面。游戏界面的长和宽都将是像素数组的7倍大小。

```
X = pixels.shape[0] * 7
Y = pixels.shape[1] * 7
screen = pygame.display.set_mode((X, Y))
```

(3) 使用tile函数可以轻松平铺图片。由于颜色是定义为整数的，像素数据需要被转换成整数。

```
new_pixels = np.tile(pixels, (7, 7)).astype(int)
```

(4) surfarray模块中有一个专用函数blit_array，可以将数组中的像素呈现在屏幕上。

```
pygame.surfarray.blit_array(screen, new_pixels)
```

效果如下图所示。

平铺图片的完整代码如下：

```
import pygame, sys
from pygame.locals import *
import numpy as np
```

```
pygame.init()
img = pygame.image.load('head.jpg')
pixels = pygame.surfarray.array2d(img)
X = pixels.shape[0] * 7
Y = pixels.shape[1] * 7
screen = pygame.display.set_mode((X, Y))
pygame.display.set_caption('Surfarray Demo')
new_pixels = np.tile(pixels, (7, 7)).astype(int)

while True:
        screen.fill((255, 255, 255))
        pygame.surfarray.blit_array(screen, new_pixels)

        for event in pygame.event.get():
           if event.type == QUIT:
              pygame.quit()
              sys.exit()

        pygame.display.update()
```

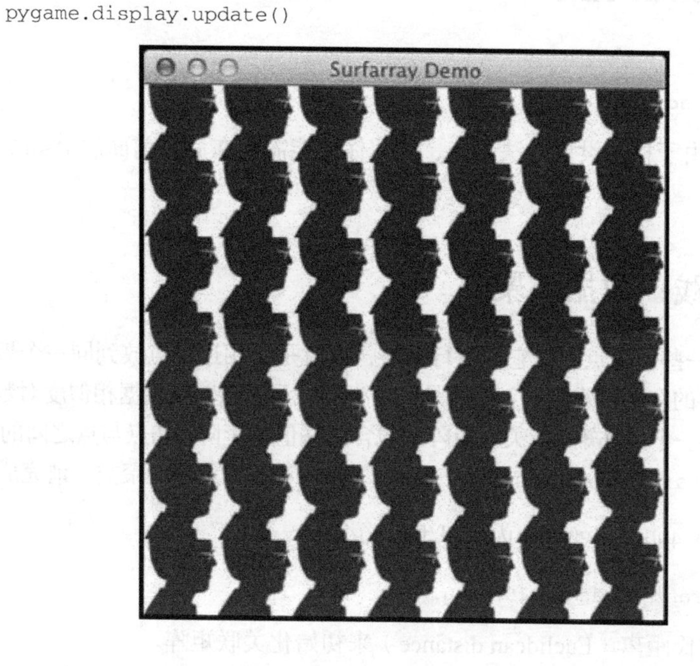

刚才做了些什么

下面的表格给出了新函数及其属性的简单说明。

函　数	描　述
pygame.surfarray.array2d(img)	该函数将像素数据存入一个二维数组
pygame.surfarray.blit_array(screen, new_pixels)	该函数将数组中的像素呈现在屏幕上

11.11　人工智能

在游戏中，我们通常需要模拟一些智能行为。scikit-learn项目旨在提供机器学习的API，我最喜欢的是其出色的文档。我们可以使用操作系统的包管理器来安装scikit-learn，这取决于你所使用的操作系统是否支持，但应该是最为简便的安装方式。Windows用户可以直接从项目网站上下载安装包。

在Debian和Ubuntu上，该项目名为python-sklearn。在MacPorts命名为py26-scikits-learn和py27-scikits-learn。我们也可以从源代码安装或使用easy_install工具，还有第三方发行版如Python(x, y)、Enthought和NetBSD。

我们可以在命令行中键入如下命令安装scikit-learn：

```
pip install -U scikit-learn
```

也可以使用如下命令：

```
easy_install -U scikit-learn
```

这个命令可能会由于权限设置无法工作，因此你可能需要在命令前面加上sudo或以管理员身份登陆系统。

11.12　动手实践：数据点聚类

我们将随机生成一些数据点并对它们进行聚类，也就是将相近的点放到同一个聚类中。这只是scikit-learn提供的众多技术之一。聚类是一种机器学习算法，即依据相似度对数据点进行分组。随后，我们将计算一个关联矩阵。关联矩阵即包含关联值的矩阵，如点与点之间的距离。最后，我们将使用scikit-learn中的AffinityPropagation类对数据点进行聚类。请完成如下步骤。

(1) 我们将在400 × 400像素的方块内随机生成30个坐标点：

```
positions = np.random.randint(0, 400, size=(30, 2))
```

(2) 我们将使用欧氏距离（Euclidean distance）来初始化关联矩阵。

```
positions_norms = np.sum(positions ** 2, axis=1)
S = - positions_norms[:, np.newaxis] - positions_norms[np.newaxis, :] + 2 *
np.dot(positions, positions.T)
```

(3) 将前一步的结果提供给AffinityPropagation类。该类将为每一个数据点标记合适的聚类编号。

```
aff_pro = sklearn.cluster.AffinityPropagation().fit(S)
```

```
labels = aff_pro.labels_
```

(4) 我们将为每一个聚类绘制多边形。该函数需要的参数包括Surface对象、颜色（本例中使用红色）和数据点列表。

```
pygame.draw.polygon(screen, (255, 0, 0), polygon_points[i])
```

绘制结果如下图所示。

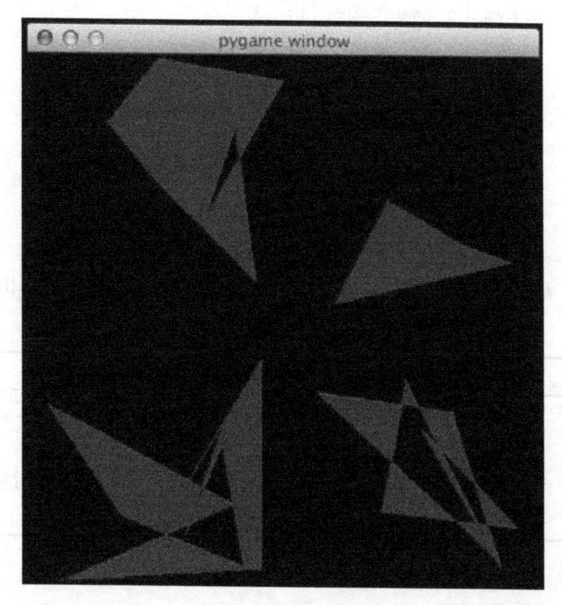

聚类程序的示例代码如下：

```
import numpy as np
import sklearn.cluster
import pygame, sys
from pygame.locals import *

positions = np.random.randint(0, 400, size=(30, 2))

positions_norms = np.sum(positions ** 2, axis=1)
S = - positions_norms[:, np.newaxis] - positions_norms[np.newaxis, :] + 2 *
np.dot(positions, positions.T)

aff_pro = sklearn.cluster.AffinityPropagation().fit(S)
labels = aff_pro.labels_

polygon_points = []

for i in xrange(max(labels) + 1):
    polygon_points.append([])

# 对数据点进行聚类
```

```
for i in xrange(len(labels)):
      polygon_points[labels[i]].append(positions[i])
pygame.init()
screen = pygame.display.set_mode((400, 400))

while True:
       for i in xrange(len(polygon_points)):
          pygame.draw.polygon(screen, (255, 0, 0), polygon_points[i])

       for event in pygame.event.get():
          if event.type == QUIT:
             pygame.quit()
             sys.exit()

       pygame.display.update()
```

刚才做了些什么

下面的表格给出了人工智能示例代码中最重要的几个函数的功能说明。

函　数	描　述
`sklearn.cluster.AffinityPropagation().fit(S)`	该函数创建`AffinityPropagation`对象并根据关联矩阵进行聚类
`pygame.draw.polygon(screen, (255, 0,0), polygon points[i])`	该函数根据指定的Surface对象、颜色（在本例中为红色）和数据点列表绘制多边形

11.13　OpenGL和Pygame

OpenGL是专业的用于二维和三维图形的计算机图形应用程序接口（API），由函数和一些常数构成。我们将重点关注其Python的实现，即PyOpenGL。使用如下命令安装PyOpenGL：

```
pip install PyOpenGL PyOpenGL_accelerate
```

你可能需要根权限来执行这条命令。以下是相应的`easy_install`命令：

```
easy_install PyOpenGL PyOpenGL_accelerate
```

11.14　动手实践：绘制谢尔宾斯基地毯

为了演示OpenGL的功能，我们将使用OpenGL绘制谢尔宾斯基地毯（Sierpinski gasket），亦称作谢尔宾斯基三角形（Sierpinski triangle）或谢尔宾斯基筛子（Sierpinski sieve）。这是一种三角形形状的分形（fractal），由数学家瓦茨瓦夫·谢尔宾斯基（Waclaw Sierpinski）提出。这个三角形是经过原则上无穷的递归过程得到的。请完成如下步骤绘制谢尔宾斯基地毯。

(1) 首先，我们将初始化一些OpenGL相关的基本要素，包括设置显示模式和背景颜色等。在本节的末尾可以找到相关函数的详细说明。

```
def display_openGL(w, h):
    pygame.display.set_mode((w,h),
    pygame.OPENGL|pygame.DOUBLEBUF)

    glClearColor(0.0, 0.0, 0.0, 1.0)
    glClear(GL_COLOR_BUFFER_BIT|GL_DEPTH_BUFFER_BIT)

    gluOrtho2D(0, w, 0, h)
```

(2) 依据分形的算法，我们应该尽可能多地准确地绘制结点。第一步，我们将绘制颜色设置为红色。第二步，我们定义三角形的顶点。随后，我们定义随机挑选的索引，即从三角形的3个顶点中任意选出其中一个。从三角形靠中间的位置随意指定一点——这个点在哪里并不重要。然后，我们在前一次的点和随机选出的三角形顶点之间的中点处进行绘制。最后，我们强制刷新缓冲以保证绘图命令全部得以执行。

```
glColor3f(1.0, 0, 0)
vertices = np.array([[0, 0], [DIM/2, DIM], [DIM, 0]])
NPOINTS = 9000
indices = np.random.random_integers(0, 2, NPOINTS)
point = [175.0, 150.0]

for i in xrange(NPOINTS):
     glBegin(GL_POINTS)
     point = (point + vertices [indices[i]])/2.0 glVertex2fv(point) glEnd()

glFlush()
```

谢尔宾斯基三角形如下图所示。

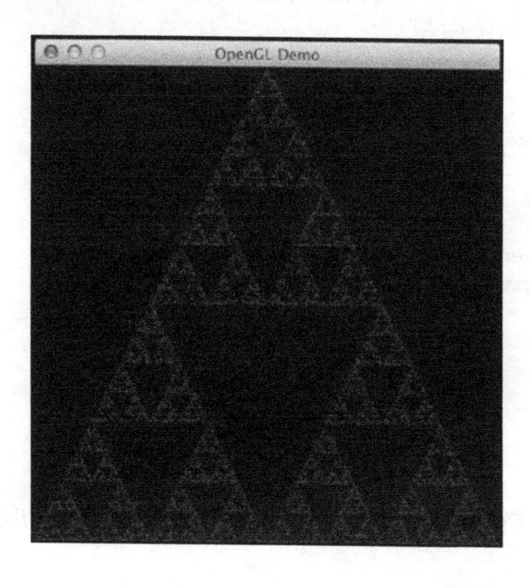

绘制谢尔宾斯基地毯的完整代码如下：

```
import pygame
from pygame.locals import *
import numpy as np

from OpenGL.GL import *
from OpenGL.GLU import *

def display_openGL(w, h):
  pygame.display.set_mode((w,h), pygame.OPENGL|pygame.DOUBLEBUF)

  glClearColor(0.0, 0.0, 0.0, 1.0)
  glClear(GL_COLOR_BUFFER_BIT|GL_DEPTH_BUFFER_BIT)

  gluOrtho2D(0, w, 0, h)

def main():
    pygame.init()
    pygame.display.set_caption('OpenGL Demo')
    DIM = 400
    display_openGL(DIM, DIM)
    glColor3f(1.0, 0, 0)
    vertices = np.array([[0, 0], [DIM/2, DIM], [DIM, 0]])
    NPOINTS = 9000
    indices = np.random.random_integers(0, 2, NPOINTS)
    point = [175.0, 150.0]

    for i in xrange(NPOINTS):
          glBegin(GL_POINTS)
          point = (point + vertices[indices[i]])/2.0
          glVertex2fv(point)
          glEnd()

      glFlush()
      pygame.display.flip()

      while True:
          for event in pygame.event.get():
              if event.type == QUIT:
                  return

if __name__ == '__main__':
   main()
```

刚才做了些什么

如前所述，下面的表格给出了示例代码中最重要的一些函数的功能说明。

函 数	描 述
`pygame.display.set_mode((w,h), pygame.OPENGL|pygame.DOUBLEBUF)`	该函数将显示模式设置为指定的宽度、高度和OpenGL对应的显示类型
`glClear(GL_COLOR_BUFFER_BIT|GL_DEPTH_BUFFER_BIT)`	该函数使用掩码清空缓冲区。在本例中，我们清空的是颜色和深度缓冲区
`gluOrtho2D(0, w, 0, h)`	该函数根据上、下、左、右的裁切平面坐标定义一个2D的正交投影矩阵
`glColor3f(1.0, 0, 0)`	该函数根据三个浮点数表示的RGB颜色来设置当前的绘图颜色。在本例中为红色
`glBegin(GL_POINTS)`	该函数限定一组或多组图元的定点定义
`glVertex2fv(point)`	该函数根据一个顶点产生一个点
`glEnd()`	该函数结束以glBegin开始的代码段
`glFlush()`	该函数强制刷新缓冲区，执行绘图命令

11.15 模拟游戏

作为最后一个示例，我们将根据生命游戏（Conway's Game of Life）来完成一个模拟生命的游戏。原始的生命游戏是基于几个基本规则的。我们从一个随机初始化的二维方形网格开始。网格中每一个细胞的状态可能是生或死，由其相邻的8个细胞决定。在这个规则下可以使用卷积进行计算，我们需要SciPy的工具包完成卷积运算。

11.16 动手实践：模拟生命

下面的代码实现了生命游戏，并做了如下修改：

- 单击鼠标绘制一个十字架；
- 按下r 键将网格重置为随机状态；
- 按下b 键在鼠标位置创建一个方块；
- 按下g 键创建一个形如滑翔机的图案。

本例的代码中最重要的数据结构就是一个二维数组，用于维护游戏界面上像素的颜色值。该数组被随机初始化，然后在游戏主循环中每一轮迭代重新计算一次。在本节的末尾可以找到相关函数的更多信息。

(1) 根据游戏规则，我们将使用卷积进行计算。

```
def get_pixar(arr, weights):
  states = ndimage.convolve(arr, weights, mode='wrap')
```

```
  bools = (states == 13) | (states == 12 ) | (states == 3)

  return bools.astype(int)
```

(2) 我们可以使用在第2章中学到的索引技巧绘制十字架。

```
def draw_cross(pixar):
    (posx, posy) = pygame.mouse.get_pos()
    pixar[posx, :] = 1
    pixar[:, posy] = 1
```

(3) 随机初始化网格：

```
def random_init(n):
    return np.random.random_integers(0, 1, (n, n))
```

本例的完整代码如下：

```
import os, pygame
from pygame.locals import *
import numpy as np
from scipy import ndimage

def get_pixar(arr, weights):
  states = ndimage.convolve(arr, weights, mode='wrap')

  bools = (states == 13) | (states == 12 ) | (states == 3)

  return bools.astype(int)

def draw_cross(pixar):
    (posx, posy) = pygame.mouse.get_pos()
    pixar[posx, :] = 1
    pixar[:, posy] = 1

def random_init(n):
    return np.random.random_integers(0, 1, (n, n))

def draw_pattern(pixar, pattern):
    print pattern

    if pattern == 'glider':
      coords = [(0,1), (1,2), (2,0), (2,1), (2,2)]
    elif pattern == 'block':
      coords = [(3,3), (3,2), (2,3), (2,2)]
    elif pattern == 'exploder':
      coords = [(0,1), (1,2), (2,0), (2,1), (2,2), (3,3)]
    elif pattern == 'fpentomino':
      coords = [(2,3),(3,2),(4,2),(3,3),(3,4)]

    pos = pygame.mouse.get_pos()

    xs = np.arange(0, pos[0], 10)
    ys = np.arange(0, pos[1], 10)
```

```
    for x in xs:
        for y in ys:
            for i, j in coords:
                pixar[x + i, y + j] = 1

def main():
    pygame.init ()
    N = 400
    pygame.display.set_mode((N, N))
    pygame.display.set_caption("Life Demo")

    screen = pygame.display.get_surface()

    pixar = random_init(N)
    weights = np.array([[1,1,1], [1,10,1], [1,1,1]])

    cross_on = False

    while True:
      pixar = get_pixar(pixar, weights)

      if cross_on:
         draw_cross(pixar)

      pygame.surfarray.blit_array(screen, pixar * 255 ** 3)
      pygame.display.flip()

      for event in pygame.event.get():
        if event.type == QUIT:
            return
        if event.type == MOUSEBUTTONDOWN:
            cross_on = not cross_on
        if event.type == KEYDOWN:
            if event.key == ord('r'):
               pixar = random_init(N)
               print "Random init"
            if event.key == ord('g'):
             draw_pattern(pixar, 'glider')
          if event.key == ord('b'):
            draw_pattern(pixar, 'block')
          if event.key == ord('e'):
            draw_pattern(pixar, 'exploder')
          if event.key == ord('f'):
            draw_pattern(pixar, 'fpentomino')
if _name_ == '_main_':
   main()
```

你可以访问YouTube观看本例的视频，地址为https://www.youtube.com/watch?v=NNsU-yWTkXM。以下是游戏运行时的截图。

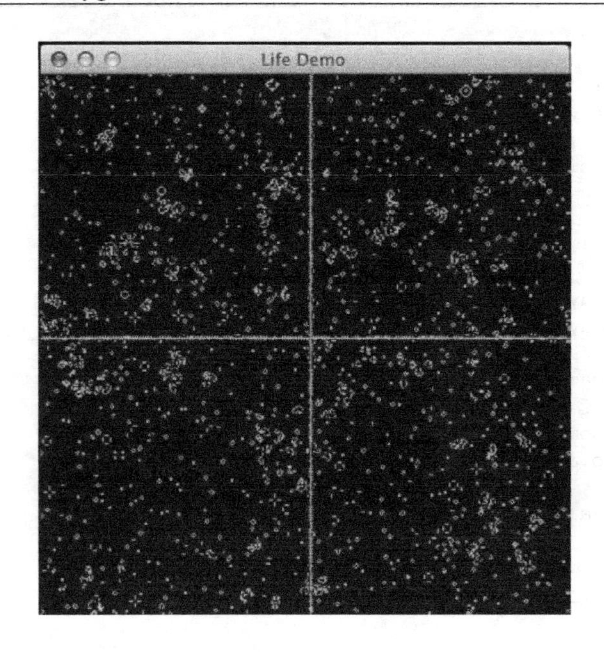

刚才做了些什么

我们使用的一些NumPy和SciPy的函数需要进一步说明，参见下面的表格。

函 数	描 述
`ndimage.convolve(arr, weights, mode='wrap')`	该函数在包络模式下对指定的数组进行卷积操作。该模式会处理数组的边界
`bools.astype(int)`	该函数将布尔数组转换为整数数组
`np.arange(0, pos[0], 10)`	该函数创建一个范围从`0`到`pos[0]`，且元素间隔为10的数组。所以如果`pos[0]`为`1000`，我们将得到0, 10, 20, …, 990

11.17 本章小结

一开始，你可能会觉得在本书中提到Pygame有些奇怪。希望你在阅读完本章内容后，觉察到一起使用NumPy和Pygame的妙处。毕竟游戏需要很多计算，因此NumPy和SciPy是理想的选择。游戏也需要人工智能，如`scikit-learn`中可以找到相应的支持。总之，编写游戏是一件有趣的事情，我们希望最后一章的内容如同前面十章教程的正餐之后的甜点或咖啡。如果你还没有“吃饱”，请参阅本书作者的另一本著作《NumPy攻略：Python科学计算与数据分析》[①]（Packt），比本书更为深入且与本书内容互不重叠。

① 已由人民邮电出版社图灵公司出版。——编者注

突击测验答案

第 1 章　NumPy 快速入门

arrange(5)的作用是什么	创建一个包含5个元素的NumPy数组，取值分别为0~4的整数

第 2 章　NumPy 基础

ndarray对象的维度属性是以下列哪种方式存储的	存储在元组中

第 3 章　常用函数

以下哪个函数可以返回数组元素的加权平均值	average

第 4 章　便捷函数

以下哪个函数返回的是两个数组的协方差	cov

第 5 章　矩阵和通用函数

在使用mat和bmat函数创建矩阵时，需要输入字符串来定义矩阵。在字符串中，以下哪一个英文标点符号是矩阵的行分隔符	分号 “;”

第 6 章　深入学习 NumPy 模块

以下哪个函数可以创建矩阵	mat

第 7 章 专用函数

以下哪一个NumPy模块可以生成随机数	random

第 8 章 质量控制

以下哪一个是assert_almost_equal函数的参数，用来指定小数点后的精度	decimal

第 9 章 使用 Matplotlib 绘图

plot函数的作用是什么	1、2、3都不是

第 10 章 NumPy 的扩展：SciPy

以下哪个函数可以加载.mat型文件	loadmat